Antoine Marie Bogso

Une application de la positivité totale à l'étude des peacocks

Antoine Marie Bogso

Une application de la positivité totale à l'étude des peacocks

Etude de peacocks sous des hypothèses de monotonie conditionnelle et de positivité totale d'ordre 2

Presses Académiques Francophones

Impressum / Mentions légales
Bibliografische Information der Deutschen Nationalbibliothek: Die Deutsche Nationalbibliothek verzeichnet diese Publikation in der Deutschen Nationalbibliografie; detaillierte bibliografische Daten sind im Internet über http://dnb.d-nb.de abrufbar.

Information bibliographique publiée par la Deutsche Nationalbibliothek: La Deutsche Nationalbibliothek inscrit cette publication à la Deutsche Nationalbibliografie; des données bibliographiques détaillées sont disponibles sur internet à l'adresse http://dnb.d-nb.de.

Coverbild / Photo de couverture: www.ingimage.com

Verlag / Editeur:
Presses Académiques Francophones
ist ein Imprint der / est une marque déposée de
OmniScriptum GmbH & Co. KG
Heinrich-Böcking-Str. 6-8, 66121 Saarbrücken, Deutschland / Allemagne
Email: info@presses-academiques.com

Herstellung: siehe letzte Seite /
Impression: voir la dernière page
ISBN: 978-3-8381-4387-3

Remerciements

Ce travail n'aurait sans doute pas vu le jour sans l'appui, la gentillesse et la générosité de Bernard Roynette et de son épouse Colette. Bernard Roynette m'a initié à la théorie des processus stochastiques et j'ai particulièrement été impressionner par sa rigueur et son intuition mathématique. Je tiens à lui exprimer ma profonde gratitude.

Je tiens à remercier de tout coeur Francis Hirsch qui a énormément contribué à la clarté de la rédaction de ce livre.

Je remercie Marc Yor qui n'a cessé de m'encourager. L'attention qu'il a accordé à mon travail et les nombreuses remarques qu'il m'a fait parvenir ont contribué à l'enrichir.

Je remercie particulièrement Pierre Vallois. Il est l'un de ceux qui m'ont aidé à faire mes premiers pas à Nancy d'abord comme stagiaire, puis comme doctorant.

Remerciements

Table des matières

Introduction

A. Ce travail a pour objet l'étude des processus croissants pour l'ordre convexe, connus aussi sous le nom de "Peacocks" (voir [HPRY11]). Le mot "peacock" est issu de l'abréviation P.C.O.C (qui en anglais se prononce "peacock") du terme Processus Croissant pour Ordre convexe. Notons qu'en anglais "peacock" signifie paon. De même que les auteurs de ([HPRY11]), nous désignons sous le nom de "peacock" tout processus à valeurs réelles qui croît pour l'ordre convexe. Plus précisément :

Définition 0.1. *On appelle peacock un processus $(X_t, t \geq 0)$ à valeurs réelles, intégrable, i.e.*

$$\forall t > 0, \;\; \mathbb{E}[|X_t|] < \infty,$$

et tel que pour toute fonction convexe $\psi : \mathbb{R} \to \mathbb{R}$:

$$t \in \mathbb{R}_+ \mapsto \mathbb{E}[\psi(X_t)] \in]-\infty, +\infty] \text{ est une fonction croissante.}$$

Remarquons que la définition 0.1 ne fait intervenir que les marginales unidimensionnelles du processus X. Nous aurons donc recours alternativement à la définition ci-après :

Définition 0.2. *Une famille de mesures de probabilité $(\mu_t, t \geq 0)$ sur $\mathbb{R}$ est un peacock si elle est intégrable, i.e.*

$$\int |x|\, \mu_t(dx) < \infty$$

et si, pour toute fonction convexe $\psi : \mathbb{R} \to \mathbb{R}$,

$$t \in \mathbb{R}_+ \mapsto \int \psi(x)\, \mu_t(dx) \in]-\infty, +\infty] \text{ est une fonction croissante.}$$

La notion de peacock est liée à celle (apparemment différente) de 1-martingale.

Définition 0.3.

1) Deux processus $(X_t, t \geq 0)$ et $(Y_t, t \geq 0)$ (éventuellement définis sur des espaces de probabilité différents) sont dits associés si

$$\forall t \geq 0, \;\; X_t \overset{\text{(loi)}}{=} Y_t.$$

2) Un processus $(X_t, t \geq 0)$ à valeurs réelles est une 1-martingale s'il existe une martingale $(M_t, t \geq 0)$ associée à X.

3) Une famille de mesures de probabilité $(\mu_t, t \geq 0)$ sur $\mathbb{R}$ est une 1-martingale s'il existe une martingale $(M_t, t \geq 0)$ telle que, pour tout $t \geq 0$, μ_t est la loi de M_t .

Notons que si $(X_t, t \geq 0)$ est un peacock, $\mathbb{E}[X_t]$ ne dépend pas de t.
En fait, un théorème célèbre de Kellerer [Kel72] établit l'équivalence des notions de peacock et de 1-martingale.

Théorème 0.4. *(Kellerer [Kel72])*
Un processus à valeurs réelles $(X_t, t \geq 0)$ est un peacock si et seulement si c'est une 1-martingale.

La preuve proposée par Kellerer n'étant pas constructive, il est naturel d'exhiber des peacocks et de construire aussi explicitement que possible une (ou plusieurs) martingales associées. Cette question a été largement développée dans [HPRY11], où les auteurs proposent une grande classe de peacocks tout en construisant, pour beaucoup d'entre eux une (ou plusieurs) martingales associées. Notre travail complète les résultats obtenus dans [HPRY11].
L'un des exemples importants de peacock est dû à Carr-Ewald-Xiao [CEX08]. Ces auteurs montrent en effet que, si $(B_s, s \geq 0)$ est un mouvement brownien issu de 0, alors

$$\left(\mathbf{N}_t := \frac{1}{t}\int_0^t e^{B_s - \frac{s}{2}} ds, t \geq 0\right) \text{ est un peacock.} \tag{0.1}$$

D'autre part, Baker-Yor [BY09] ont construit une martingale associée à ce peacock en utilisant le drap brownien.
Comme autres exemples de peacocks, nous avons (voir [HPRY11]) :

$$\left(\mathbf{X}_t^{(1)} := \int_0^t B_s\, ds, t \geq 0\right) \text{ et } \left(\mathbf{X}_t^{(2)} := \frac{1}{t}\int_0^t B_s\, ds, t \geq 0\right),$$

où $(B_s, s \geq 0)$ est un mouvement brownien standard issu de 0.
On vérifie aisément que $\mathbf{X}^{(1)}$ et $\mathbf{X}^{(2)}$ sont des processus gaussiens centrés, à variation bornée, et sont respectivement associés aux martingales :

$$\left(\mathbf{M}_t^{(1)} := B_{t^3/3}, t \geq 0\right) \text{ et } \left(\mathbf{M}_t^{(2)} := B_{t/3}, t \geq 0\right).$$

B. La propriété de monotonie conditionnelle.

Nous utilisons la notion de monotonie conditionnelle pour construire plusieurs classes de peacocks. On dit qu'un processus $(X_\lambda, \lambda \geq 0)$ à valeurs réelles est conditionnellement monotone si, pour tout $n \in \mathbb{N}^*$, tout $i \in \{1, \cdots, n\}$, tout $0 \leq \lambda_1 < \cdots < \lambda_n$ et toute fonction borélienne bornée $\phi : \mathbb{R}^n \to \mathbb{R}$ croissante en chacun de ses arguments :

$$z \longmapsto \mathbb{E}[\phi(X_{\lambda_1}, X_{\lambda_2}, \cdots, X_{\lambda_n})|X_{\lambda_i} = z] \text{ est une fonction croissante.} \tag{MC}$$

Notons que "M.C" est l'abréviation de "Monotonie Conditionnelle". Nous mentionnons aussi que la notion de monotonie conditionnelle est définie dans [HPRY11] et qu'elle apparaît sous une forme légèrement différente dans [SS94] et [SS07].
L'utilisation de la monotonie conditionnelle permet de généraliser (0.1) dans deux directions :

1) **Les peacocks obtenus par intégration contre une mesure positive finie.**
Notons qu' après le changement de variable $s = t\lambda$ dans (0.1),

$$\mathbf{N}_t := \int_0^1 e^{B_{t\lambda} - \frac{t\lambda}{2}} d\lambda \overset{(\text{loi})}{=} \int_0^1 e^{\sqrt{t}B_\lambda - \frac{t\lambda}{2}} d\lambda.$$

Ainsi :

$$\left(\mathbf{A}_t := \int_0^\infty \frac{e^{\sqrt{t}B_\lambda}}{\mathbb{E}\left[e^{\sqrt{t}B_\lambda}\right]} 1_{[0,1]}(\lambda) d\lambda, t \geq 0 \right) \text{ est un peacock.} \tag{0.2}$$

Dans le Chapitre 1, nous généralisons (0.1) en donnant des conditions suffisantes sur le processus $X = (X_\lambda, \lambda \geq 0)$ pour que, pour toute mesure positive finie ν sur $\mathbb{R}_+$,

$$\left(A_t^{(\nu)} := \int_0^\infty \frac{e^{tX_\lambda}}{\mathbb{E}\left[e^{tX_\lambda}\right]} \nu(d\lambda), t \geq 0 \right) \text{ soit un peacock.} \tag{0.3}$$

Nous montrons par exemple que si X est conditionnellement monotone, alors (0.3) est satisfaite. L'intérêt de ce résultat est qu'il existe de nombreux processus de Markov qui possèdent la propriété de monotonie conditionnelle. En particulier, nous prouvons que les processus "bien-réversibles" à temps fixe sont conditionnellement monotones (cf. Théorème 1.14).

2) **Les peacocks obtenus par centrage et par normalisation.**
Définissons :

$$\mathbf{V}_t := \int_0^t e^{B_s - \frac{s}{2}} ds,$$

de sorte que

$$\mathbf{N}_t = \frac{\mathbf{V}_t}{\mathbb{E}[\mathbf{V}_t]}.$$

Une autre façon de généraliser (0.1) consiste donc à chercher des processus $(V_t, t \geq 0)$ tels que

$$\left(N_t := \frac{V_t}{\mathbb{E}[V_t]}, t \geq 0 \right) \text{ soit un peacock.} \tag{0.4}$$

Définissons par ailleurs $(C_t := V_t - \mathbb{E}[V_t], t \geq 0)$. Ce processus étant d'espérance constante (égale à 0), il est naturel (puisque l'espérance d'un peacock ne dépend pas de t) de chercher des processus $(V_t, t \geq 0)$ tels que $(C_t, t \geq 0)$ soit un peacock. Voici les deux principaux résultats que nous obtenons :

i) Si $(X_t, t \geq 0)$ est un processus conditionnellement monotone et continu à droite, $q : \mathbb{R}_+ \times \mathbb{R} \to \mathbb{R}_+$ une fonction continue telle que, pour tout $s \geq 0$, $x \longmapsto q(s, x)$ est continue et $\mathbb{E}[q(s, X_s)] > 0$, et si $\theta : \mathbb{R}_+ \to \mathbb{R}_+^*$ est convexe et croissante, alors, sous certaines conditions d'intégrabilité,

$$\left(C_t := \theta\left(\int_0^t q(s, X_s) ds \right) - h(t), t \geq 0 \right) \text{ est un peacock,} \tag{0.5}$$

où

$$h(t) := \mathbb{E}\left[\theta\left(\int_0^t q(s, X_s) ds \right) \right] \text{ (cf. Théorème 1.39).}$$

ii) Soit $(X_t, t \geq 0)$ un processus conditionnellement monotone, à valeurs dans un intervalle I, et solution de l'EDS

$$Y_t = x_0 + \int_0^t \sigma(s, Y_s) dB_s + \int_0^t b(s, Y_s) ds,$$

où $\sigma, b : \mathbb{R}_+ \times \mathbb{R} \to \mathbb{R}$ sont lipschitziennes en x, uniformément sur les compacts en s. Soit $\mathcal{A}_s$ l'opérateur espace-temps défini par :

$$\mathcal{A}_s := \frac{\partial}{\partial s} + \frac{1}{2}\sigma^2(s, x)\frac{\partial^2}{\partial x^2} + b(s, x)\frac{\partial}{\partial x}. \tag{0.6}$$

Soit $q : \mathbb{R}_+ \times I \to \mathbb{R}_+$ une fonction strictement positive de classe $\mathcal{C}^2$ telle que :

(a) pour tout $s \geq 0$, les fonctions $q_s : x \in I \mapsto q(s, x)$ et

$$f_s : x \in I \mapsto \frac{\mathcal{A}_s q(s, x)}{q(s, x)} \tag{0.7}$$

sont croissantes.

(b) $\left(Z_t := q(t, X_t) - q(0, x_0) - \int_0^t \mathcal{A}_s q(s, X_s) ds, t \geq 0 \right)$ est une martingale.

Alors, pour toute mesure de Radon positive ν sur $\mathbb{R}_+$ (cf. Théorème 1.43) :

$$\left(N_t := \frac{\int_0^t q(s, X_s)\nu(ds)}{\mathbb{E}\left[\int_0^t q(s, X_s)\nu(ds)\right]}, t \geq 0 \right) \text{ est un peacock.} \tag{0.8}$$

C. Peacocks forts et Peacocks très forts.

Au Chapitre 2, nous définissons les notions de peacock fort et de peacock très fort. Soit $(X_t, t \geq 0)$ un processus intégrable à valeurs réelles.

i) On dit que $(X_t, t \geq 0)$ est un peacock fort si, pour tous $0 \leq s < t$ et toute fonction croissante et bornée $\phi : \mathbb{R} \to \mathbb{R}$:

$$\mathbb{E}[\phi(X_s)(X_t - X_s)] \geq 0.$$

ii) On dit que $(X_t, t \geq 0)$ est un peacock très fort si, pour tout $n \in \mathbb{N}^*$, tout $0 \leq t_1 < \cdots < t_n < t_{n+1}$ et toute fonction $\phi : \mathbb{R}^n \to \mathbb{R}$ bornée et croissante en chacun de ses arguments :

$$\mathbb{E}[\phi(X_{t_1}, \cdots, X_{t_n})(X_{t_{n+1}} - X_{t_n})] \geq 0.$$

Notons que toute martingale est un peacock fort et un peacock très fort.
Cette notion de peacock très fort va nous être utile pour exhiber de nouvelles classes de peacocks généralisant (0.1). Observons que si $(B_t, t \geq 0)$ est un mouvement brownien standard issu de 0, alors $(\mathbf{X}_t := e^{B_t - \frac{t}{2}}, t \geq 0)$ est une martingale, donc, en particulier, un peacock très fort. Nous montrons que si $(X_t, t \geq 0)$ est un peacock très fort, continu à droite, et tel que pour tout $t \geq 0$:

$$\mathbb{E}\left[\sup_{s \in [0,t]} |X_s|\right] < \infty,$$

alors, pour toute fonction continue à droite et strictement croissante $\alpha : \mathbb{R}_+ \to \mathbb{R}_+$ telle que $\alpha(0) = 0$ (cf. Théorème 2.13),

$$\left(Q_t := \frac{1}{\alpha(t)} \int_0^t X_s \, d\alpha(s), t \geq 0\right) \text{ est un peacock.} \tag{0.9}$$

Nous en déduisons également un analogue de (0.8). Nous prouvons en effet que si $(X_t, t \geq 0)$ est un processus à valeurs dans $\mathbb{R}$, continu à droite, et si $q : \mathbb{R}_+ \times \mathbb{R} \to \mathbb{R}_+$ est une fonction continue et strictement positive telle que :

- $$\left(\frac{q(t, X_t)}{\mathbb{E}[q(t, X_t)]}, t \geq 0\right) \text{ est un peacock très fort,}$$

et, pour tout $t \geq 0$,

- $$\mathbb{E}\left[\sup_{0 \leq s \leq t} q(s, X_s)\right] < \infty \text{ et } \inf_{0 \leq s \leq t} \mathbb{E}[q(s, X_s)] > 0,$$

alors, pour toute mesure de Radon positive ν sur $\mathbb{R}_+$ (cf. Théorème 2.15),

$$\left(N_t^\nu := \frac{\displaystyle\int_0^t q(s, X_s)\nu(ds)}{\mathbb{E}\left[\displaystyle\int_0^t q(s, X_s)\nu(ds)\right]}, t \geq 0\right) \text{ est un peacock.}$$

Nous terminons ce chapitre par un résultat de comparaison des lois multidimensionnelles de peacocks ayant les mêmes marginales unidimensionnelles.
Les Chapitres 1 et 2 sont extraits des deux articles "Some examples of peacocks in a Markovian set-up" [BPR12a] et "Peacocks obtained by normalisation : strong and very strong peacocks" [BPR12b], écrits en collaboration avec C. Profeta et B. Roynette.

D. Notion de Positivité totale.

Nous introduisons au Chapitre 3 la notion de positivité totale qui intervient dans plusieurs branches des Mathématiques dont l'algèbre linéaire, la théorie des équations aux dérivées partielles, les statistiques et la théorie des probabilités. En théorie des probabilités par exemple, elle est liée à des notions comme la croissance pour l'ordre stochastique (resp. convexe), l'ergodicité, et la continuité des trajectoires pour les processus de Markov. Nous nous intéressons ici à la classe des processus de Markov à noyaux de transition totalement positifs. Suivant la terminologie utilisée par Karlin [Ka64], on dira que la fonction de transition $P_{s,t}(x, dy)$ d'un processus de Markov $(X_t, t \geq 0)$ à valeurs dans un intervalle I de $\mathbb{R}$ est totalement positive d'ordre 2 (TP_2) si, pour tous $0 \leq s < t$, tous $x_1 < x_2$, et pour tous boréliens $E_1 < E_2$ de I (i.e. $y_1 < y_2$ pour tous $y_1 \in E_1$, $y_2 \in E_2$),

$$\det \begin{pmatrix} P_{s,t}(x_1, E_1) & P_{s,t}(x_1, E_2) \\ P_{s,t}(x_2, E_1) & P_{s,t}(x_2, E_2) \end{pmatrix} \geq 0. \tag{TP$_2$}$$

Notons que si $P_{s,t}(x, dy)$ est absolument continue (par rapport à la mesure de Lebesgue), i.e. $P_{s,t}(x, dy) = p_{s,t}(x, y)dy$, alors ($\text{TP}_2$) équivaut à :

$$\det \begin{pmatrix} p_{s,t}(x_1, y_1) & p_{s,t}(x_1, y_2) \\ p_{s,t}(x_2, y_1) & p_{s,t}(x_2, y_2) \end{pmatrix} \geq 0.$$

Parmi les processus à noyaux de transition TP_2 on trouve les processus à accroissements indépendants et log-concaves, les processus de naissance et de mort, et les diffusions homogènes. Les processus de Markov dont la fonction de transition est TP_2 satisfont une propriété de monotonie plus forte que l'hypothèse de monotonie conditionnelle (MC). En effet :

Théorème 0.5. *Soit $(X_t, t \geq 0)$ un processus de Markov ayant une fonction de transition TP_2 et absolument continue (par rapport à la mesure de Lebesgue). Soit $(f_k : I \to \mathbb{R}_+, k \in \mathbb{N}^*)$ une famille de fonctions continues et strictement positives telles que : pour tout $x \in \mathbb{R}$, tout $d \in \mathbb{N}^*$ et tous $0 \leq \eta_1 < \cdots < \eta_d$:*

$$\mathbb{E}_x\left[\prod_{k=1}^{d} f_k(X_{\eta_k})\right] < \infty.$$

Alors, pour tout $n \geq 2$, tout $i \in \{1, \cdots, n\}$, tout $0 < \lambda_1 < \cdots < \lambda_n$ et toute fonction borélienne bornée $\phi : I^n \to \mathbb{R}$ croissante (resp. décroissante) en chacun de ses arguments :

$$\left.\begin{array}{l} z \in I \longmapsto K_{x,i}(n,z) := \dfrac{\mathbb{E}_x\left[\phi(X_{\lambda_1}, \cdots, X_{\lambda_n}) \prod\limits_{k=1}^{n} f_k(X_{\lambda_k}) \middle| X_{\lambda_i} = z\right]}{\mathbb{E}_x\left[\prod\limits_{k=1}^{n} f_k(X_{\lambda_k}) \middle| X_{\lambda_i} = z\right]} \\ \text{est une fonction croissante (resp. décroissante).} \end{array}\right\} \quad \text{(MCG)}$$

Notons que "M.C.G" est l'abréviation de "Monotonie Conditionnelle Généralisée".

Le Théorème 0.5 est l'outil fondamental pour montrer que certains processus sont des peacocks. Plus précisément :
Observons d'abord que si $f_k = 1$ pour tout k, on obtient la condition (MC), ce qui permet d'élargir de façon non négligeable les classes de peacocks étudiées au Chapitre 1. D'autre part, nous montrons (grâce à (MCG)) que si $((X_t, t \geq 0); (\mathbb{P}_x, x \in I))$ est un processus de Markov à valeurs dans I, ayant une fonction de transition TP_2 et absolument continue (par rapport à la mesure de Lebesgue), et si ν est une mesure de Radon positive sur $\mathbb{R}_+$ telle que, pour tout $x \in I$:

$$\mathbb{E}_x\left[\exp\left(\nu([0,t]) \sup_{0 \leq s \leq t} X_s\right)\right] < \infty,$$

et

$$\mathbb{E}_x\left[\exp\left(\nu([0,t]) \inf_{0 \leq s \leq t} X_s\right)\right] > 0,$$

alors, pour tout $x \in I$ (cf. Théorème 3.60),

$$\left(N_t := \frac{\exp\left(\displaystyle\int_0^t X_s\, \nu(ds)\right)}{\mathbb{E}_x\left[\exp\left(\displaystyle\int_0^t X_s\, \nu(ds)\right)\right]}, t \geq 0\right) \quad \text{est un peacock.} \tag{0.10}$$

L'utilisation de la notion de positivité totale pour l'étude des peacocks est nouvelle. Cependant, pour beaucoup de ces peacocks, construire une martingale associée reste une question ouverte.

E. Quelques martingales associées à des peacocks précédemment décrits.

Le chapitre 4 est réservé à la construction de martingales associées à des peacocks obtenus aux chapitres précédents. Pour cela, nous utilisons la notion de plongement de Skorokhod :
Soit $(X_t, t \geq 0)$ un peacock, et soit $(B_t, t \geq 0)$ un mouvement brownien issu de 0. Supposons qu'il existe une famille $(T_t, t \geq 0)$ de temps d'arrêt telle que :

i) pour tout $t \geq 0$, $B_{T_t} \overset{(\text{loi})}{=} X_t$, et $(B_{u \wedge T_t}, u \geq 0)$ est uniformément intégrable,

ii) la fonction $t \longmapsto T_t$ est p.s. croissante.

Alors, le processus $(B_{T_t}, t \geq 0)$ est une martingale associée à $(X_t, t \geq 0)$.
Nous illustrons cette approche sur deux méthodes de plongements, celle d'Azéma-Yor, et celle de Bertoin-Le Jan.
1) Nous nous intéressons d'abord au plongement d'Azéma-Yor étudié en détail dans [HPRY11]. Nous proposons ici une nouvelle approche de l'étude de ce plongement reposant sur le résultat ci-dessous :

Théorème 0.6. *Soit $(X_t, t \geq 0)$ un peacock intégrable et centré. Soit $C : \mathbb{R}_+ \times \mathbb{R} \to \mathbb{R}_+$ la fonction double queue de $(X_t, t \geq 0)$, i.e. pour tous $t \geq 0$ et $x \in \mathbb{R}$,*

$$C(t, x) = \mathbb{E}\left[(X_t - x)^+\right].$$

Alors, le plongement d'Azéma-Yor permet d'associer une martingale à $(X_t, t \geq 0)$ si et seulement si C est totalement positive d'ordre 2.

Nous illustrons ce résultat lorsque les peacocks étudiés sont de la forme $(\phi(t, X), t \geq 0)$ (cf. Théorème 4.12), ou plus particulièrement $(\sqrt{t}X, t \geq 0)$ (cf. Propositions 4.24 et 4.25).
2) Nous terminons ce chapitre par le plongement de Bertoin-Le Jan qui permet d'associer une martingale aux peacocks de la forme $(\sqrt{t}X, t \geq 0)$ (cf. Théorème 4.31). L'application de la positivité totale à l'étude du plongement d'Azéma-Yor est nouvelle.

F. Table des principaux peacocks obtenus.

Dans la table 1 :

- $\alpha : \mathbb{R}_+ \to \mathbb{R}_+$ est une fonction croissante, continue à droite, et telle que $\alpha(0) = 0$,
- $k : \mathbb{R}_+ \to \mathbb{R}$ est une fonction strictement croissante,
- $q : \mathbb{R}_+ \times \mathbb{R} \to \mathbb{R}$ est une fonction continue telle que, pour tout $s \geq 0$, $x \mapsto q_s(x) := q(s, x)$ est croissante,
- Un processus est dit (MC) s'il satisfait l'hypothèse de monotonie conditionnelle,
- μ est une mesure positive finie sur $\mathbb{R}_+$,
- ν est une mesure de Radon positive sur $\mathbb{R}_+$.

Hypothèses	Peacocks	Références
$(X_t, t \geq 0)$ est (MC)	$\left(A_t^{(\mu)} := \int_0^\infty \frac{e^{tX_\zeta}}{\mathbb{E}\left[e^{tX_\zeta}\right]} \mu(d\zeta), t \geq 0\right)$	Théorème 1.9
	$\left(A_t^{(\mu)} := \int_0^\infty \frac{(X_\zeta - k(t))^+}{\mathbb{E}\left[(X_\zeta - k(t))^+\right]} \mu(d\zeta), t \geq 0\right)$	Remarque 1.10
$(X_t, t \geq 0)$ est (MC), θ est positive, convexe et croissante, et q est positive.	$\left(C_t := \theta\left(\int_0^t q(s, X_s) ds\right) - \gamma(t), t \geq 0\right)$ avec $\gamma(t) = \mathbb{E}\left[\theta\left(\int_0^t q(s, X_s) ds\right)\right]$	Théorème 1.39
$(X_t, t \geq 0)$ est (MC) et solution d'une EDS, et q est strictement positif.	$\left(N_t := \frac{\int_0^t q(s, X_s) \nu(ds)}{\mathbb{E}\left[\int_0^t q(s, X_s) \nu(ds)\right]}, t \geq 0\right)$	Théorème 1.43
$(X_t, t \geq 0)$ est un peacock très fort et centré.	$\left(Q_t := \frac{1}{\alpha(t)} \int_0^t X_s \, d\alpha(s), t \geq 0\right)$	Théorème 2.13
	$\left(C_t := \int_0^t X_s \, d\alpha(s), t \geq 0\right)$	Théorème 2.13
$(X_t, t \geq 0)$ est un processus de Markov à densités de transition totalement positives d'ordre 2.	$\left(N_t := \frac{\exp\left(\int_0^t q(s, X_s) \, \nu(ds)\right)}{\mathbb{E}\left[\exp\left(\int_0^t q(s, X_s) \, \nu(ds)\right)\right]}, t \geq 0\right)$	Théorème 3.60
	$\left(N_t := \frac{\exp\left(\int_0^\infty q_\zeta(tX_\zeta) \, \mu(d\zeta)\right)}{\mathbb{E}\left[\exp\left(\int_0^\infty q_\zeta(tX_\zeta) \, \mu(d\zeta)\right)\right]}, t \geq 0\right)$	Théorème 3.64.
$(X_t, t \geq 0)$ est une diffusion homogène, solution d'une EDS, et dont le générateur satisfait une condition de monotonie, q est positive, et θ est strictement positive.	$\left(N_t := \frac{\theta(X_t) \exp\left(\int_0^t q(X_s) ds\right)}{\mathbb{E}\left[\theta(X_t) \exp\left(\int_0^t q(X_s) ds\right)\right]}, t \geq 0\right)$	Théorème 3.69.

TABLE 1 – Principaux peacocks exhibés.

Chapitre 1

Peacocks sous l'hypothèse de monotonie conditionnelle

1.1 Préliminaires

Nous commençons par définir la notion de peacock.

1.1.1 Définitions

Définition 1.1. *(peacock). On appelle peacock, tout processus $(X_t, t \geq 0)$ intégrable, i.e. tel que :*
$$\forall t \geq 0, \ \mathbb{E}[|X_t|] < \infty,$$
et tel que pour toute fonction convexe $\psi : \mathbb{R} \to \mathbb{R}$,
$$t \in \mathbb{R}_+ \mapsto \mathbb{E}[\psi(X_t)] \in]-\infty, +\infty] \ \text{est une fonction croissante.} \tag{1.1}$$

Le mot "peacock" provient de la prononciation anglaise de l'abréviation P.C.O.C (du terme "<u>P</u>rocessus <u>C</u>roissant pour l'<u>O</u>rdre <u>C</u>onvexe"). Notons qu'en anglais, "peacock" signifie paon.

Remarque 1.2.
1) Pour prouver qu'un processus est un peacock, on peut se restreindre à montrer (1.1) pour des fonctions ψ appartenant à $\mathbf{C}$, avec :

$$\mathbf{C} := \{\psi : \mathbb{R} \to \mathbb{R}; \ \text{convexe de classe } \mathcal{C}^2 \text{ telle que } \psi'' \text{ est à support compact}\}.$$

En effet, toute fonction convexe s'écrit comme limite croissante des sups finis de fonctions affines qui lui sont inférieures ; par conséquent, elle s'écrit, après régularisation, comme une limite croissante de fonctions de $\mathbf{C}$, et on obtient le résultat en passant à la limite. Remarquons que si $\psi \in \mathbf{C}$, alors ψ' est bornée et il existe des réels positifs k_1 et k_2 tels que :
$$|\psi(x)| \leq k_1 + k_2|x|. \tag{1.2}$$

2) Soit $(X_t, t \geq 0)$ un processus intégrable tel que $\mathbb{E}[X_t]$ ne dépende pas de t. Alors, pour prouver que $(X_t, t \geq 0)$ est un peacock, il suffit de montrer (1.1) pour ψ appartenant à la classe de fonctions :
$$\mathbf{C}^{\downarrow\uparrow} := \left\{\theta \in \mathbf{C}; \ \theta(0) = \theta'(0) = 0\right\}.$$

En effet, pour $\psi \in \mathbf{C}$, définissons

$$\theta(x) := \psi(x) - \psi(0) - x\psi'(0),$$

alors $\theta \in \mathbf{C}^{\downarrow\uparrow}$, et $\mathbb{E}[\psi(X_t)]$ ne diffère de $\mathbb{E}[\theta(X_t)]$ que par une constante.

Définition 1.3. *(1-martingale). Un processus $(X_t, t \geq 0)$ est une 1-martingale s'il existe une martingale $(M_t, t \geq 0)$ (éventuellement définie sur un autre espace de probabilité) ayant les mêmes marginales unidimensionnelles que $(X_t, t \geq 0)$, i.e. telle que pour tout $t \geq 0$ fixé, $M_t \overset{(loi)}{=} X_t$. Nous disons alors que les processus $(X_t, t \geq 0)$ et $(M_t, t \geq 0)$ sont associés et nous écrivons :*

$$X_t \overset{(1.d)}{=} M_t.$$

Le résultat qui suit établit l'équivalence des notions de peacock et de 1-martingale.

Théorème 1.4. *(Kellerer [Kel72]). Un processus $(X_t, t \geq 0)$ est un peacock si et seulement si c'est une 1-martingale.*

D'après l'inégalité de Jensen, il est clair qu'une 1-martingale est un peacock. La réciproque, nettement plus difficile à établir, a été obtenue grâce aux travaux successifs de Strassen [Str65], Doob [Doo68] et Kellerer [Kel72]. Malheureusement, les preuves présentées dans ces articles ne sont pas constructives, et il est en général difficile d'exhiber une telle martingale. Nous présentons quelques exemples de construction dans le Chapitre 4, à partir de plongements de Skorokhod.

1.1.2 Les classes de peacocks étudiées

Dans [CEX08], Carr, Ewald et Xiao ont prouvé que le processus

$$\left(\mathbf{A}_t := \frac{1}{t}\int_0^t \exp\left(B_s - \frac{s}{2}\right) ds = \int_0^1 \exp\left(B_{t\lambda} - \frac{t\lambda}{2}\right) d\lambda, t \geq 0\right), \tag{1.3}$$

où $(B_s, s \geq 0)$ un mouvement brownien standard, est un peacock. Peu après, Baker-Yor [BY09] ont exhibé une martingale associée à ce peacock, construite à partir de la méthode du drap Brownien. Ceci est le point de départ de plusieurs travaux dont l'objet est de trouver de nouvelles familles de peacocks en s'inspirant de l'exemple (1.3), et de construire des martingales associées (voir par exemple [HPRY11]).
Nous étudions deux extensions du processus (1.3).

1) **Peacocks obtenus par intégration contre une mesure positive finie.**
Soient, pour tout $t \geq 0$,

$$Z_{\cdot,t} := (Z_{\lambda,t}, \lambda \geq 0)$$

un processus mesurable à valeurs réelles tel que

$$\forall \lambda \in \mathbb{R}_+,\ \forall t \in \mathbb{R}_+,\ \mathbb{E}\left[e^{Z_{\lambda,t}}\right] < \infty,$$

et μ une mesure positive finie sur $\mathbb{R}_+$. On considère le processus :

$$\left(A_t^{(\mu)} := \int_0^\infty \frac{e^{Z_{\lambda,t}}}{\mathbb{E}\left[e^{Z_{\lambda,t}}\right]}\, \mu(d\lambda), t \geq 0\right). \tag{1.4}$$

Notons qu'en prenant $\mathbf{Z}_{\lambda,t} = B_{\lambda t}$ et $\mu(d\lambda) = 1_{[0,1]}d\lambda$ dans (1.4), on retrouve (1.3). Notre objectif est de donner des conditions sur $(Z_{\lambda,t}, \lambda \geq 0, t \geq 0)$ sous lesquelles $(A_t^{(\mu)}, t \geq 0)$ est un peacock. Nous savons que c'est le cas pour les exemples suivants :

a) $Z_{\lambda,t} = \lambda t X$, où X est une v.a. telle que $\mathbb{E}\left[e^{tX}\right] < \infty$ pour tout $t \geq 0$ (voir [HPRY11], Chapitre 1),

b) $Z_{\lambda,t} = tL_\lambda$, où $(L_\lambda, \lambda \geq 0)$ est un processus de Lévy tel que $\mathbb{E}\left[e^{L_1}\right] < \infty$ (voir [HRY10b]),

c) $Z_{\lambda,t} = G_{\lambda,t}$, où $(G_{\lambda,t}, \lambda \geq 0, t \geq 0)$ est un processus gaussien tel que la fonction $t \mapsto \mathbb{E}[G_{\lambda_1,t}G_{\lambda_2,t}]$ est croissante pour tout $\lambda_1, \lambda_2 \geq 0$ (voir [HRY10a]).

Nous nous intéresserons, en particulier, aux processus de la forme $(Z_{\lambda,t} := tX_\lambda, t \geq 0, \lambda \geq 0)$. Nous montrerons d'abord que si $(X_\lambda, \lambda \geq 0)$ est conditionnellement monotone et satisfait à quelques conditions d'intégrabilité, alors $(A_t^{(\mu)}, t \geq 0)$ est un peacock. Nous donnerons ensuite un autre jeu d'hypothèses sur $(X_\lambda, \lambda \geq 0)$ qui implique que $(A_t^{(\mu)}, t \geq 0)$ est un peacock.

2) **Peacocks obtenus soit par centrage, soit par normalisation.**
Soit $(V_t, t \geq 0)$ un processus intégrable et continu à droite. Nous considérons les familles de processus

$$(C_t := V_t - \mathbb{E}[V_t], t \geq 0), \tag{1.5}$$

et

$$N_t := \left(\frac{V_t}{\mathbb{E}[V_t]}, t \geq 0\right), \text{ où } \mathbb{E}[V_t] > 0 \text{ pour tout } t \geq 0. \tag{1.6}$$

Remarquons qu'en prenant $\mathbf{V}_t = \int_0^t \exp\left(B_s - \frac{s}{2}\right) ds$ dans (1.6), resp. $\mathbf{V}_t = \frac{1}{t}\int_0^t \exp\left(B_s - \frac{s}{2}\right) ds$ dans (1.5), on obtient $(\mathbf{A}_t, t \geq 0)$, resp. $(\mathbf{A}_t - 1, t \geq 0)$. Nous montrons que les propriétés de peacock respectifs de C et N sont liées sans pour autant être équivalentes. C'est ce qui justifie l'intérêt d'une étude séparée des processus définis par (1.5) et par (1.6). Nous utilisons la monotonie conditionnelle pour exhiber des processus $(V_t, t \geq 0)$ pour lesquels $(C_t, t \geq 0)$, resp. $(N_t, t \geq 0)$ est un peacock.

Nous utiliserons fréquemment le Lemme immédiat suivant :

Lemme 1.5. *Soit $\varphi : \mathbb{R} \to \mathbb{R}$ une fonction croissante et bornée, et soit $b : \mathbb{R} \to \mathbb{R}$ une fonction croissante. Pour tout $y \in \mathbb{R}$, on définit*

$$b^{-1}(y) := \inf\{z \in \mathbb{R}; b(z) > y\} \in \overline{\mathbb{R}} (= [-\infty, +\infty]).$$

Alors,

$$\forall x, y \in \mathbb{R}, \ \varphi(x)(b(x) - y) \geq \varphi\left(b^{-1}(y)\right)(b(x) - y),$$

où, φ étant croissante et bornée, se prolonge à $\overline{\mathbb{R}}$.

1.2 Peacocks obtenus par intégration contre une mesure positive finie

1.2.1 Propriété de monotonie conditionnelle

Nous introduisons la notion de monotonie conditionnelle qui apparaît sous une forme légèrement différente dans ([SS94], Chapter 4.B, p.114-126).

Définition 1.6. *(Monotonie conditionnelle). On dit qu'un processus $(X_\lambda, \lambda \geq 0)$ est conditionnellement monotone si, pour tout $n \in \mathbb{N}^*$, tout $i \in \{1, \cdots, n\}$, tout $0 \leq \lambda_1 < \cdots < \lambda_n$ et toute fonction borélienne bornée $\phi : \mathbb{R}^n \to \mathbb{R}$ croissante, resp. décroissante, en chacun de ses arguments :*

$$\mathbb{E}[\phi(X_{\lambda_1}, X_{\lambda_2}, \cdots, X_{\lambda_n})|X_{\lambda_i}] = \phi_i(X_{\lambda_i}), \tag{MC}$$

où $\phi_i : \mathbb{R} \to \mathbb{R}$ est une fonction bornée croissante (resp. décroissante).

Remarque 1.7.

1) *S'il existe un intervalle I de $\mathbb{R}$ tel que, pour tout $\lambda \geq 0$, $X_\lambda \in I$, alors, dans la Définition 1.6, la fonction ϕ, resp. ϕ_i, sera supposée simplement définie sur I^n, resp. I.*
2) *Notons que $(X_\lambda, \lambda \geq 0)$ est conditionnellement monotone si et seulement si $(-X_\lambda, \lambda \geq 0)$ l'est.*
3) *Pour toute fonction continue et stictement monotone $\varphi : \mathbb{R} \to \mathbb{R}$, $(X_\lambda, \lambda \geq 0)$ est conditionnellement monotone si, et seulement si $(\varphi(X_\lambda), \lambda \geq 0)$ l'est.*

Pour prouver qu'un processus est conditionnellement monotone, on peut, quitte à remplacer ϕ par $-\phi$, se restreindre aux fonctions ϕ boréliennes, bornées et croissantes en chacun de leurs arguments.

Définition 1.8. *On désigne par $\mathcal{I}_n$ l'ensemble des fonctions $\phi : \mathbb{R}^n \to \mathbb{R}$ continues, bornées et croissantes en chacun de leurs arguments.*

Voici une première classe de peacocks.

Théorème 1.9. *Soit $(X_\lambda, \lambda \geq 0)$ un processus continu à droite, conditionnellement monotone et satisfaisant les conditions d'intégrabilité suivantes : pour tout compact $K \subset \mathbb{R}_+$ et tout $t \geq 0$,*

$$\Theta_{K,t} := \sup_{\lambda \in K} \exp(tX_\lambda) = \exp\left(t \sup_{\lambda \in K} X_\lambda\right) \text{ est intégrable,} \tag{INT1}$$

et

$$k_{K,t} := \inf_{\lambda \in K} \mathbb{E}[\exp(tX_\lambda)] > 0. \tag{INT2}$$

Posons $h_\lambda(t) = \log \mathbb{E}[\exp(tX_\lambda)]$. Alors, pour toute mesure positive finie μ sur $\mathbb{R}_+$:

$$\left(A_t^{(\mu)} := \int_0^\infty e^{tX_\lambda - h_\lambda(t)}\, \mu(d\lambda), t \geq 0\right) \text{ est un peacock.} \tag{1.7}$$

Démonstration.
1) D'après (INT1), $\mathbb{E}[\exp(tX_\lambda)] < \infty$ pour tous $\lambda \geq 0$ et $t \geq 0$. Le théorème de convergence dominée implique alors que h_λ est continue sur $\mathbb{R}_+$, dérivable sur $]0, +\infty[$, et puisque $\mathbb{E}\left[e^{tX_\lambda - h_\lambda(t)}\right] = 1$, on obtient :

$$h'_\lambda(t)e^{h_\lambda(t)} = \mathbb{E}\left[X_\lambda e^{tX_\lambda}\right],$$

i.e :

$$\mathbb{E}\left[(X_\lambda - h'_\lambda(t))e^{tX_\lambda - h_\lambda(t)}\right] = 0. \tag{1.8}$$

De plus, il découle de (INT1) que, pour tout $t \geq 0$, la fonction $\lambda \in \mathbb{R}_+ \mapsto h_\lambda(t)$ est continue à droite.
2) Considérons d'abord le cas

$$\mu = \sum_{i=1}^{n} a_i \delta_{\lambda_i}, \tag{1.9}$$

où $n \in \mathbb{N}^*$, $a_1 \geq 0, \cdots, a_n \geq 0$, $0 \leq \lambda_1 < \cdots < \lambda_n$, et où δ_λ désigne la mesure de Dirac au point λ.
Soit $\psi \in \mathbf{C}$; pour tout $t > 0$, on a :

$$\frac{\partial}{\partial t}\mathbb{E}\left[\psi\left(A_t^{(\mu)}\right)\right] = \sum_{i=1}^{n} a_i \mathbb{E}\left[\psi'\left(A_t^{(\mu)}\right)(X_{\lambda_i} - h'_{\lambda_i}(t))\exp(tX_{\lambda_i} - h_{\lambda_i}(t))\right].$$

Il nous suffit alors de montrer, pour tout $i \in \{1, \cdots, n\}$, que :

$$\Delta_i := \mathbb{E}\left[\psi'\left(A_t^{(\mu)}\right)(X_{\lambda_i} - h'_{\lambda_i}(t))\exp(tX_{\lambda_i} - h_{\lambda_i}(t))\right] \geq 0.$$

Observons que la fonction

$$(x_1, \cdots, x_n) \mapsto \psi'\left(\sum_{j=1}^{n} a_j \exp(tx_j - h_{\lambda_j}(t))\right)$$

appartient à $\mathcal{I}_n$, i.e. est continue, bornée et croissante en chacun de ses arguments. Ainsi, de la propriété de monotonie conditionnelle de $(X_\lambda, \lambda \geq 0)$, on déduit :

$$\begin{aligned}\Delta_i &= \mathbb{E}\left[\mathbb{E}\left[\psi'\left(A_t^{(\mu)}\right)(X_{\lambda_i} - h'_{\lambda_i}(t))e^{tX_{\lambda_i} - h_{\lambda_i}(t)} | X_{\lambda_i}\right]\right] \\ &= \mathbb{E}\left[(X_{\lambda_i} - h'_{\lambda_i}(t))e^{tX_{\lambda_i} - h_{\lambda_i}(t)}\phi_i(X_{\lambda_i})\right],\end{aligned}$$

où ϕ_i est une fonction croissante et bornée. En notant par ailleurs que (cf. Lemme 1.5) :

$$(X_{\lambda_i} - h'_{\lambda_i}(t))(\phi_i(X_{\lambda_i}) - \phi_i(h'_{\lambda_i}(t))) \geq 0,$$

on obtient :

$$\Delta_i \geq \phi_i(h'_{\lambda_i}(t))\mathbb{E}\left[(X_{\lambda_i} - h'_{\lambda_i}(t))e^{tX_{\lambda_i} - h_{\lambda_i}(t)}\right] = 0 \quad \text{d'après (1.8)}.$$

3) Nous supposons maintenant que μ est une mesure à support compact, contenu dans un intervalle compact $K \subset \mathbb{R}_+$. Puisque la fonction $\lambda \mapsto \exp(tX_\lambda - h_\lambda(t))$ est continue à droite et bornée supérieurement par la variable $k_{K,t}^{-1}\Theta_{K,t}$ qui est finie p.s., il existe une suite de mesures $(\mu_n, n \in \mathbb{N})$ de la forme (1.9), avec supp$\mu_n \subset K$, $\int \mu_n(d\lambda) = \int \mu(d\lambda)$, pour tout $n \in \mathbb{N}$ et $\lim\limits_{n\to+\infty} A_t^{(\mu_n)} = A_t^{(\mu)}$ p.s. pour tout $t \geq 0$. En outre, d'après (INT1) et (INT2) :

$$|A_t^{(\mu_n)}| \leq \frac{\Theta_{K,t}}{k_{K,t}} \int \mu(d\lambda),$$

et d'après le point **2)** :

$$\forall 0 \leq s \leq t, \forall n \in \mathbb{N},\ \mathbb{E}\left[\psi(A_s^{(\mu_n)})\right] \leq \mathbb{E}\left[\psi(A_t^{(\mu_n)})\right]. \tag{1.10}$$

Ainsi, la fonction ψ étant sous-linéaire, il ne nous reste plus qu'à appliquer le théorème de convergence dominée et à passer à la limite lorsque $n \to +\infty$ dans l'inégalité (1.10) pour obtenir que $(A_t^{(\mu)}, t \geq 0)$ est un peacock.
4) Dans le cas général, on pose $\mu_n(d\lambda) = 1_{[0,n]}(\lambda)\mu(d\lambda)$ et on observe que $\left(A^{(\mu_n)}, n \in \mathbb{N}\right)$ est une suite croissante de processus. Soit $\theta \in \mathbf{C}^{\downarrow\uparrow}$. D'après le point **3)**,

$$\forall 0 \leq s \leq t, \forall n \in \mathbb{N},\ \mathbb{E}\left[\theta\left(A_s^{(\mu_n)}\right)\right] \leq \mathbb{E}\left[\theta\left(A_t^{(\mu_n)}\right)\right],$$

et puisque θ est une fonction croissante sur $\mathbb{R}_+$, nous obtenons le résultat grâce au théorème de convergence monotone. □

Remarque 1.10. *Soit $k : \mathbb{R}_+ \to \mathbb{R}$ une fonction strictement croissante.*

1) Pour toute v.a. réelle intégrable X dont la loi a pour support $\mathbb{R}$,

$$\left(N_t := \frac{(X-k(t))^+}{\mathbb{E}\left[(X-k(t))^+\right]}, t \geq 0\right) \text{ est un peacock.}$$

2) Soit $(X_\lambda, \lambda \geq 0)$ est un processus conditionnellement monotone, continu à droite, tel que, pour tout $t \geq 0$ et pour tout compact $K \subset \mathbb{R}_+$,

$$\mathbb{E}\left[\sup_{\lambda\in K}|X_\lambda|\right] < \infty \text{ et } \inf_{\lambda\in K}\mathbb{E}\left[(X_\lambda - k(t))^+\right] > 0.$$

On suppose que, pour tout $\lambda \geq 0$, le support de la loi de X_λ est égal à $\mathbb{R}$. Alors, en utilisant le Point 1) et la preuve du Théorème 1.9, on montre que, pour toute mesure positive finie μ sur $\mathbb{R}_+$,

$$\left(A_t^{(\mu)} := \int_0^\infty \frac{(X_\lambda - k(t))^+}{\mathbb{E}\left[(X_\lambda - k(t))^+\right]}\mu(d\lambda), t \geq 0\right) \text{ est un peacock.} \tag{1.11}$$

Nous obtenons (1.11) en remplaçant dans (1.7) la fonction $(t,x) \longmapsto e^{tx}$ par la fonction $(t,x) \longmapsto (x-k(t))^+$.
Signalons que Müller et Scarsini [MS01] ont obtenu un résultat semblable à (1.11) sous des hypothèses différentes. En effet, étant donnés deux vecteurs aléatoires $X = (X_1, \cdots, X_n)$ et $Y = (Y_1, \cdots, Y_n)$ ayant un même copule, et tels que $X_i \overset{(c)}{\leq} Y_i$ pour tout

$i = 1, \cdots, n$, ces auteurs fournissent une condition de monotonie du copule suffisante pour que

$$\sum_{i=1}^{n} a_i X_i \overset{(c)}{\leq} \sum_{i=1}^{n} a_i Y_i,$$

quelque soient $a_1 \geq 0, \cdots, a_n \geq 0$.

Démonstration du Point 1).
Pour tous $t \geq 0$ et $x \in \mathbb{R}$, nous définissons :

$$p(t) := \mathbb{E}[(X - k(t))^+] \text{ et } f_t(x) := \frac{1}{p(t)}(x - k(t))^+,$$

de sorte que $N_t = f_t(X)$ pour tout $t \geq 0$. Observons que f_t est croissante pour tout $t \geq 0$. De plus, comme k est strictement croissante, p est décroissante et, en conséquence, $\frac{k}{p}$ est strictement croissante. Remarquons aussi que, pour tous $0 \leq s < t$,

$$f_t(x) \leq f_s(x) \text{ si et seulement si } x \leq \overline{x}_{s,t} := \frac{p(s)p(t)}{p(s) - p(t)} \left(\frac{k(t)}{p(t)} - \frac{k(s)}{p(s)}\right). \tag{1.12}$$

Soit $\psi \in \mathbf{C}$, et soient $0 \leq s < t$. Alors, en distinguant les cas $f_t(X) \leq f_s(X)$ et $f_t(X) > f_s(X)$, nous obtenons :

$$\begin{aligned}\mathbb{E}[\psi(N_t)] - \mathbb{E}[\psi(N_s)] &\geq \mathbb{E}\left[\psi'(N_s)(N_t - N_s)\right] \\ &= \mathbb{E}[\psi'(f_s(X))(f_t(X) - f_s(X))] \\ &\geq \psi'(f_s(\overline{x}_{s,t}))\mathbb{E}[f_t(X) - f_s(X)] = 0.\end{aligned}$$

Donc $(N_t, t \geq 0)$ est un peacock. □

Il est clair que le Théorème 1.9 et le Point 2) de la Remarque 1.10 n'ont d'intérêt pratique que si l'on réussit à trouver suffisamment d'exemples de processus possédant la propriété de monotonie conditionnelle (MC). Nous exhibons trois grandes familles de processus conditionnellement monotones : la famille des processus "bien réversibles" à temps fixe qui fait l'objet du prochain paragraphe et la famille des processus de Markov à noyaux de transition totalement positif (cf. Chapitre 3).

Avant de présenter la classe des diffusions "bien réversibles" à temps fixe, nous donnons un exemple simple de processus conditionnellement monotone.

Exemple 1.11. Pour toute v.a. X et pour toute fonction $\alpha : \mathbb{R}_+ \to \mathbb{R}_+$ continue et positive, le processus $(\alpha(\lambda)X, \lambda \geq 0)$ est conditionnellement monotone. En outre, si $\mathbb{E}[e^{\alpha(\lambda)X}] < \infty$ pour tout $\lambda \geq 0$, alors $(\alpha(\lambda)X, \lambda \geq 0)$ vérifie les conditions du Théorème 1.9, et pour toute mesure positive finie μ sur $\mathbb{R}_+$:

$$\left(\int_0^{+\infty} \frac{e^{t\alpha(\lambda)X}}{\mathbb{E}\left[e^{t\alpha(\lambda)X}\right]}\mu(d\lambda), t \geq 0\right) \text{ est un peacock.}$$

1.2.2 Les diffusions "bien réversibles" à temps fixe

Nous présentons une classe importante de processus conditionnellement monotones : les diffusions "bien réversibles" à temps fixe.

Notations

Soient $\sigma : \mathbb{R}_+ \times \mathbb{R} \to \mathbb{R}$ et $b : \mathbb{R}_+ \times \mathbb{R} \to \mathbb{R}$ deux fonctions mesurables et soit $(B_u, u \geq 0)$ un mouvement brownien standard issu de 0. Considérons l'EDS suivante :

$$X_\lambda = x + \int_0^\lambda \sigma(s, X_s)\, dB_s + \int_0^\lambda b(s, X_s)\, ds, \ \lambda \geq 0. \tag{1.13}$$

Supposons :

(A1) Pour tout $x \in \mathbb{R}$, l'EDS (1.13) admet une unique solution trajectorielle $(X_\lambda^{(x)}, \lambda \geq 0)$, et l'application $x \mapsto (X_\lambda^{(x)}, \lambda \geq 0)$ peut être choisie mesurable.

Il résulte du théorème de Yamada-Watanabe [YW71] que $(X_\lambda^{(x)}, \lambda \geq 0)$ est une solution forte de l'équation (1.13) qui, par conséquent, possède la propriété de Markov forte. En outre, le noyau de transition $P_\lambda(x, dy) = \mathbb{P}(X_\lambda^{(x)} \in dy)$ est mesurable.
Notons que, pour $x \leq y$, le processus $(X_\lambda^{(y)}, \lambda \geq 0)$ est stochastiquement plus grand que $(X_\lambda^{(x)}, \lambda \geq 0)$ au sens où, pour tout $a \in \mathbb{R}$ et $\lambda \geq 0$,

$$\mathbb{P}\left(X_\lambda^{(y)} \geq a\right) \geq \mathbb{P}\left(X_\lambda^{(x)} \geq a\right). \tag{1.14}$$

En effet, si on suppose que $(X_\lambda^{(y)}, \lambda \geq 0)$ et $(X_\lambda^{(x)}, \lambda \geq 0)$ sont tous deux définis sur le même espace de probabilité et si on note T le temps de couplage défini par :

$$T = \inf\{\lambda \geq 0; X_\lambda^{(x)} = X_\lambda^{(y)}\}$$
$$(= +\infty \text{ si } \{\lambda \geq 0; X_\lambda^{(x)} = X_\lambda^{(y)}\} = \emptyset),$$

alors, sur $\{T = +\infty\}$,

$$X_\lambda^{(y)} \geq X_\lambda^{(x)} \text{ (puisque } y \geq x),$$

tandis que sur $\{T < +\infty\}$, on a :

$$X_\lambda^{(y)} > X_\lambda^{(x)}, \quad \text{pour tout } \lambda \in [0, T[$$

et

$$X_\lambda^{(y)} = X_\lambda^{(x)}, \quad \text{pour tout } \lambda \in [T, +\infty[$$

puisque, d'après l'hypothèse (A1), (1.13) admet une unique solution qui est fortement markovienne.
D'autre part, (1.14) équivaut à : pour toute fonction croissante (resp. décroissante) bornée $\phi : \mathbb{R} \to \mathbb{R}$, et pour tout $\lambda \geq 0$,

$$x \mapsto \mathbb{E}_x[\phi(X_\lambda)] = \int_{\mathbb{R}} P_\lambda(x, dy)\phi(y) \text{ est croissante (resp. décroissante).} \tag{1.15}$$

Lemme 1.12. *Soit* $((X_\lambda)_{\lambda\geq 0}, (\mathcal{F}_\lambda)_{\lambda \geq 0}, (\mathbb{P}_x)_{x\in\mathbb{R}})$ *un processus de Markov satisfaisant la propriété (1.14). Alors, pour tout* $n \geq 1$, *tout* $0 \leq \lambda_1 < \cdots < \lambda_n$, *tout* $i \in \{1, \cdots, n\}$, *toute fonction* $\phi : \mathbb{R}^n \to \mathbb{R}$ *dans* $\mathcal{I}_n$, *et tout* $x \geq 0$,

$$\mathbb{E}_x\left[\phi(X_{\lambda_1}, \cdots, X_{\lambda_n}) | \mathcal{F}_{\lambda_i}\right] = \widetilde{\phi}_i(X_{\lambda_1}, \cdots, X_{\lambda_i}), \tag{1.16}$$

où $\widetilde{\phi}_i : \mathbb{R}^i \to \mathbb{R}$ *appartient à* $\mathcal{I}_i$. *En particulier,*

$$x \mapsto \mathbb{E}_x\left[\phi(X_{\lambda_1}, \cdots, X_{\lambda_n})\right] \text{ est croissante.} \tag{1.17}$$

Démonstration.
Si $i = n$, alors (1.16) est satisfaite puisque $\phi \in \mathcal{I}_n$. Si $i = n-1$, (1.16) est aussi satisfaite car :

$$\mathbb{E}_x[\phi(X_{\lambda_1}, \cdots, X_{\lambda_{n-1}}, X_{\lambda_n})|\mathcal{F}_{\lambda_{n-1}}] = \int_{\mathbb{R}} \phi(X_{\lambda_1}, \cdots, X_{\lambda_{n-1}}, y) P_{\lambda_n - \lambda_{n-1}}(X_{\lambda_{n-1}}, dy).$$

Donc, pour $i = n-1$, (1.16) résulte de (1.15). Il suffit alors de procéder par itération descendante pour obtenir (1.16) pour tout i. □

Comme conséquence du Lemme (1.12), nous avons le

Lemme 1.13. *Pour tout processus de Markov $((X_\lambda)_{\lambda \geq 0}, (\mathcal{F}_\lambda)_{\lambda \geq 0}, (\mathbb{P}_x)_{x \in \mathbb{R}})$ qui satisfait (1.14), la propriété de monotonie conditionnelle (MC) est équivalente à la condition suivante : pour tout $n \in \mathbb{N}^*$, tout $0 \leq \lambda_1 < \cdots < \lambda_n$ et toute fonction $\phi : \mathbb{R}^n \to \mathbb{R}$ appartenant à $\mathcal{I}_n$,*

$$\mathbb{E}[\phi(X_{\lambda_1}, \cdots, X_{\lambda_n})|X_{\lambda_n}] = \phi_n(X_{\lambda_n}), \qquad (\widetilde{MC})$$

où ϕ_n est une fonction croissante et bornée.

Démonstration.
Si la propriété (MC) est vérifiée pour $(X_\lambda, \lambda \geq 0)$, alors il en est de même de la propriété $(\widetilde{MC})$, puisqu'elle correspond au cas particulier $i = n$.
Réciproquement, supposons $(\widetilde{MC})$. Alors, d'après le Lemme 1.12, il suffit d'observer que pour tout $i \in \{1, \cdots, n\}$:

$$\begin{aligned}\mathbb{E}[\phi(X_{\lambda_1}, \cdots, X_{\lambda_n})|X_{\lambda_i}] &= \mathbb{E}\left[\mathbb{E}[\phi(X_{\lambda_1}, \cdots, X_{\lambda_n})|\mathcal{F}_{\lambda_i}]|X_{\lambda_i}\right] \\ &= \mathbb{E}\left[\widetilde{\phi}_i(X_{\lambda_1}, \cdots, X_{\lambda_i})|X_{\lambda_i}\right],\end{aligned}$$

où $\widetilde{\phi}_i : \mathbb{R}^i \to \mathbb{R}$ appartient à $\mathcal{I}_i$. □

Retournement à temps fixe

Soit $x \in \mathbb{R}$ fixé. Nous supposons :

(A2) Pour tout $\lambda > 0$, $\sigma(\lambda, \cdot)$ est une fonction dérivable et X_λ admet une densité p de classe $\mathcal{C}^{1,2}$ sur $]0, +\infty[\times\mathbb{R}$.

En posant

$$a(\lambda, y) := \sigma^2(\lambda, y), \quad \text{pour tout } \lambda \geq 0 \text{ et } y \in \mathbb{R},$$

on définit successivement, pour tout $\lambda_0 > 0$ fixé et pour tout $y \in \mathbb{R}$:

$$\begin{cases} \overline{a}^{\lambda_0}(\lambda, y) = a(\lambda_0 - \lambda, y), \\ \overline{b}^{\lambda_0}(\lambda, y) = -b(\lambda_0 - \lambda, y) + \dfrac{1}{p(\lambda_0 - \lambda, y)} \dfrac{\partial}{\partial y}(a(\lambda_0 - \lambda, y) p(\lambda_0 - \lambda, y)), \quad (0 \leq \lambda < \lambda_0) \end{cases} \tag{1.18}$$

Sous de "bonnes hypothèses" sur les fonctions a et b, Haussmann et Pardoux [HP86] (voir aussi Meyer [Mey94]) ont prouvé que :

(A3) Le processus $(\overline{X}_{\lambda}^{\lambda_0}, 0 \leq \lambda < \lambda_0)$ obtenu en retournant $(X_\lambda, 0 < \lambda \leq \lambda_0)$ au temps λ_0 :

$$(\overline{X}_{\lambda}^{\lambda_0}, 0 \leq \lambda < \lambda_0) := (X_{\lambda_0 - \lambda}, 0 \leq \lambda < \lambda_0)$$

est une diffusion et il existe un mouvement brownien $(\overline{B}_u, 0 \leq u \leq \lambda_0)$, indépendant de X_{λ_0}, tel que $(\overline{X}_{\lambda}^{\lambda_0}, 0 \leq \lambda < \lambda_0)$ soit une solution forte de l'EDS :

$$\begin{cases} dY_\lambda = \overline{\sigma}^{\lambda_0}(\lambda, Y_\lambda) d\overline{B}_\lambda + \overline{b}^{\lambda_0}(\lambda, Y_\lambda) d\lambda \ \ (0 \leq \lambda < \lambda_0) \\ Y_0 = X_{\lambda_0} \ \ (\text{avec } \overline{\sigma}^{\lambda_0}(\lambda, y) = \sigma(\lambda_0 - \lambda, y)). \end{cases} \tag{1.19}$$

Notons que les coefficients $\overline{b}^{\lambda_0}$ et $\overline{\sigma}^{\lambda_0}$ dépendent de x.

(A4) Nous supposons de plus que l'EDS (1.19) possède une unique solution forte sur $[0, \lambda_0[$ qui, de ce fait, est fortement markovienne.

Notons qu'à priori, la solution de (1.19) n'est définie que sur $[0, \lambda_0[$. Il est cependant possible de prolonger cette solution sur $[0, \lambda_0]$ en posant $\overline{X}_{\lambda_0}^{\lambda_0} = x$.

Résultat principal

Nous ne donnons pas ici des conditions optimales sous lesquelles les assertions (A1)-(A4) sont satisfaites. Nous renvoyons pour une telle étude à [HP86] ou [MNS89]. Nous présentons néanmoins deux jeux d'hypothèses (H1) et (H2) impliquant chacun les assertions (A1)-(A4).

(H1) Supposons que :

i) les fonctions $(\lambda, y) \mapsto \sigma(\lambda, y)$ et $(\lambda, y) \mapsto b(\lambda, y)$ sont de classe $\mathcal{C}^{1,2}$ sur $]0, +\infty[\times\mathbb{R}$, localement Lipschitziennes en y uniformément en λ, et la solution de (1.13) n'explose pas sur $[0, \lambda_0]$,

ii) il existe $\alpha > 0$ tel que :

$$\forall y \in \mathbb{R},\ 0 \leq \lambda \leq \lambda_0,\ a(\lambda, y) \equiv \sigma^2(\lambda, y) \geq \alpha,$$

et

$$\frac{\partial^2 a}{\partial y^2} \in L^\infty(]0, \lambda_0] \times \mathbb{R}_+).$$

(H2) Supposons que :

i) les fonctions σ et b sont de classe $\mathcal{C}^{1,2}$ sur $]0, +\infty[\times\mathbb{R}$, localement Lipschitziennes en y uniformément en λ, et la solution de (1.13) n'explose pas sur $[0, \lambda_0]$,

ii) les fonctions a et b sont de classe $\mathcal{C}^\infty$ sur $]0, +\infty[\times\mathbb{R}$ en (λ, y) et l'opérateur différentiel

$$\overline{L} = \frac{\partial}{\partial \lambda} + L_\lambda$$

est hypo-elliptique (voir Ikeda-Watanabe ([IW89], p.411) pour la définition et les propriétés des opérateurs hypo-elliptiques), où $(L_\lambda, \lambda \geq 0)$ est le générateur de la diffusion (1.13) :

$$L_\lambda = \frac{1}{2} a(\lambda, \cdot \frac{d}{dy^2}) + b(\lambda, \cdot) \frac{d}{dy}. \tag{1.20}$$

Alors, sous chacune des conditions (H1) ou (H2), les assertions $(A_i)_{i=1,2,3,4}$ précédentes sont satisfaites. Nous énonçons maintenant le résultat principal de ce paragraphe.

Théorème 1.14. *Sous l'une ou l'autre des hypothèses (H1) ou (H2), et pour tout $x \in \mathbb{R}$, le processus $(X_\lambda, \lambda > 0)$ est conditionnellement monotone sous $\mathbb{P}_x$.*

Démonstration.
Il suffit, d'après le Lemme 1.13, de montrer que $(X_\lambda, \lambda > 0)$ possède la propriété $(\widetilde{MC})$ sous $\mathbb{P}_x$. Soient $n \in \mathbb{N}^*$ et $\phi : \mathbb{R}^n \to \mathbb{R}$ appartenant à $\mathcal{I}_n$. Pour tout $0 < \lambda_1 < \cdots < \lambda_n$,

$$\begin{aligned}
&\mathbb{E}_x[\phi(X_{\lambda_1}, \cdots, X_{\lambda_n})|X_{\lambda_n} = z] \\
&= \mathbb{E}_x\left[\phi(\overline{X}^{\lambda_n}_{\lambda_n-\lambda_1}, \cdots, \overline{X}^{\lambda_n}_0)|\overline{X}^{\lambda_n}_0 = z\right] \quad \text{(par retournement du temps à l'instant } \lambda_n) \\
&= \overline{\mathbb{E}}_z\left[\phi(\overline{X}^{\lambda_n}_{\lambda_n-\lambda_1}, \cdots, \overline{X}^{\lambda_n}_{\lambda_n-\lambda_{n-1}}, z)\right],
\end{aligned}$$

et il découle de (1.17) appliqué au processus retourné $(\overline{X}^{\lambda_n}_\lambda, 0 \leq \lambda < \lambda_n)$ que cette dernière expression est une fonction bornée croissante en la variable z. □

Remarque 1.15. *On observe que le point $\lambda_1 = 0$ a été délibérément exclu dans le Théorème 1.14, puisque les diffusions "bien-réversibles" peuvent être retournées uniquement à priori sur $]0, \lambda_0]$: $(\overline{X}^{\lambda_0}_\lambda, 0 \leq \lambda < \lambda_0) := (X_{\lambda_0-\lambda}, 0 \leq \lambda < \lambda_0)$.*

Corollaire 1.16. *Soit $(X_\lambda, \lambda > 0)$ l'unique solution forte de (1.13), à valeurs dans $\mathbb{R}_+$, où b et σ satisfont (H1) ou (H2). Alors, pour toute mesure positive finie μ sur $]0, +\infty[$ et pour toute fonction $\varphi : \mathbb{R}_+ \to \mathbb{R}_+$ continue et strictement croissante, le processus :*

$$\left(A_t^{(\mu,\varphi)} := \int_0^\infty \frac{e^{-t\varphi(X_\lambda)}}{\mathbb{E}\left[e^{-t\varphi(X_\lambda)}\right]}\mu(d\lambda), t \geq 0\right) \quad \textit{est un peacock.} \tag{1.21}$$

Démonstration.
Pour $\varepsilon > 0$, soit $\mu^{(\varepsilon)}$ la restriction de μ à l'intervalle $[\varepsilon, +\infty[$, i.e. $\mu^{(\varepsilon)} := \mu_{|[\varepsilon,+\infty[}$. Le processus $(-\varphi(X_\lambda), \lambda \geq \varepsilon)$ étant continu et négatif, les conditions (INT1) et (INT2) sont satisfaites, et on peut appliquer les Théorèmes 1.9 et 1.14 pour obtenir que, pour tout $\theta \in \mathbf{C}^{\downarrow\uparrow}$ et tout $0 \leq s \leq t$:

$$\mathbb{E}\left[\theta\left(A_s^{(\mu^{(\varepsilon)},\varphi)}\right)\right] \leq \mathbb{E}\left[\theta\left(A_t^{(\mu^{(\varepsilon)},\varphi)}\right)\right].$$

Il ne reste plus qu'à procéder comme dans le Point 4) de la preuve du Théorème 1.9 et le résultat s'ensuit en faisant tendre ε vers 0. □

Quelques exemples de diffusions "bien-réversibles" à temps fixe

Exemple 1.17. (Mouvement brownien avec dérive ν).
On prend $\sigma \equiv 1$, $b(s, y) = \nu$ et $X_\lambda = x + B_\lambda + \nu\lambda$. Alors,

$$p(t, x, y) = \frac{1}{\sqrt{2\pi t}} \exp\left(-\frac{(y - (x + \nu t))^2}{2t}\right),$$

et $(\overline{X}_\lambda^{\lambda_0}, 0 \leq \lambda < \lambda_0)$ est la solution de :

$$Y_\lambda = \overline{X}_0^{\lambda_0} + \overline{B}_\lambda + \int_0^\lambda \frac{x - Y_u}{\lambda_0 - u} du,$$

où $(\overline{B}_\lambda, 0 \leq \lambda < \lambda_0)$ est indépendant de $\overline{X}_0^{\lambda_0} = X_{\lambda_0}^{(x)}$.
Nous référons à Jeulin-Yor [JY79] pour des calculs similaires.

Exemple 1.18. (Processus d'Ornstein-Uhlenbeck de paramètres c et ν).
On prend $\sigma \equiv 1$, $b(s,y) = c(\nu - y)$ et $X_\lambda = x + B_\lambda + c\int_0^\lambda (\nu - X_u)\, du$. Alors,

$$p(t,x,y) = \sqrt{\frac{ce^{ct}}{2\pi \sinh(ct)}} \exp\left(-ce^{ct}\,\frac{(y - xe^{-ct} - \nu(1-e^{-ct}))^2}{2\sinh(ct)}\right),$$

et $(\overline{X}_\lambda^{\lambda_0}, 0 \leq \lambda < \lambda_0)$ est la solution de :

$$Y_\lambda = \overline{X}_0^{\lambda_0} + \overline{B}_\lambda - \nu\left[c\lambda + 2\ln\left(\frac{e^{c(\lambda_0-\lambda)}+1}{2}\right)\right] + c\int_0^\lambda \left(Y_u - \frac{x - e^{c(\lambda_0-u)}Y_u}{\sinh(c(\lambda_0-u))}\right) du,$$

où $(\overline{B}_\lambda, 0 \leq \lambda < \lambda_0)$ est indépendant de $\overline{X}_0^{\lambda_0} = X_{\lambda_0}^{(x)}$.

Exemple 1.19. (Processus de Bessel de dimension $\delta \geq 2$).
On prend $\sigma \equiv 1$ et $b(s,y) = \dfrac{\delta - 1}{2y}$, avec $\delta = 2(\nu+1)$, $\delta \geq 2$. Alors,
i) pour $x > 0$,

$$p(t,x,y) = \frac{1}{t}\frac{y^{\nu+1}}{x^\nu} \exp\left(-\frac{x^2+y^2}{2t}\right) I_\nu\left(\frac{xy}{t}\right),$$

où I_ν désigne la fonction de Bessel modifiée d'index ν, et $(\overline{X}_\lambda^{\lambda_0}, 0 \leq \lambda < \lambda_0)$ est la solution de :

$$Y_\lambda = \overline{X}_0^{\lambda_0} + \overline{B}_\lambda + \int_0^\lambda \left(\frac{1}{2Y_u} - \frac{Y_u}{\lambda_0 - u} + \frac{x}{\lambda_0 - u}\frac{I'_\nu}{I_\nu}\left(\frac{xY_u}{\lambda_0 - u}\right)\right) du,$$

ii) pour $x = 0$,

$$p(t,0,y) = \frac{1}{2^\nu t^{\nu+1}\Gamma(\nu+1)} y^{2\nu+1} \exp\left(-\frac{y^2}{2t}\right),$$

et $(\overline{X}_\lambda^{\lambda_0}, 0 \leq \lambda < \lambda_0)$ est la solution de :

$$Y_\lambda = \overline{X}_0^{\lambda_0} + \overline{B}_\lambda + \int_0^\lambda \left(\frac{2\nu+1}{2Y_u} - \frac{Y_u}{\lambda_0 - u}\right) du.$$

Exemple 1.20. (Carrés de Bessel de dimension $\delta > 0$).
On prend $\sigma(s,y) = 2\sqrt{y}$ et $b \equiv \delta$. Alors :
i) pour $x > 0$,

$$p(t,x,y) = \frac{1}{2t}\left(\frac{y}{x}\right)^{\nu/2} \exp\left(-\frac{x+y}{2t}\right) I_\nu\left(\frac{\sqrt{xy}}{t}\right), \quad (\text{où } \delta = 2(\nu+1))$$

et $(\overline{X}_{\lambda}^{\lambda_0}, 0 \leq \lambda < \lambda_0)$ est la solution de :

$$Y_\lambda = \overline{X}_0^{\lambda_0} + 2\int_0^\lambda \sqrt{Y_u}\, dB_u + 2\lambda - 2\int_0^\lambda \left(\frac{Y_u}{\lambda_0 - u} - \frac{\sqrt{xY_u}}{\lambda_0 - u}\frac{I'_\nu}{I_\nu}\left(\frac{\sqrt{xY_u}}{\lambda_0 - u}\right)\right) du;$$

ii) pour $x = 0$:

$$p(t, 0, y) = \left(\frac{1}{2t}\right)^{\delta/2} \frac{1}{\Gamma(\delta/2)} y^{\delta/2-1} \exp\left(-\frac{y}{2t}\right),$$

et $(\overline{X}_{\lambda}^{\lambda_0}, 0 \leq \lambda < \lambda_0)$ est la solution de :

$$Y_\lambda = \overline{X}_0^{\lambda_0} + 2\int_0^\lambda \sqrt{Y_u}\, dB_u + \delta\lambda - \int_0^\lambda \frac{2Y_u}{\lambda_0 - u} du.$$

Notons qu'il est possible d'obtenir cet exemple en élevant au carré les résultats de l'exemple 1.19 sur les processus de Bessel.

Remarque 1.21. *Tous les exemples précédents sont liés à la notion de grossissement initial d'une filtration (par la valeur terminale). Nous renvoyons à Mansuy-Yor [MaY06] pour plus de détails.*

1.2.3 Une autre classe de processus $(X_\lambda, \lambda \geq 0)$ pour laquelle $(A_\lambda^{(\mu)}, \lambda \geq 0)$ est un peacock.

Voici un autre jeu d'hypothèses, reposant essentiellement sur la transformée de Laplace et sans rapport avec la monotonie conditionnelle, qui assurent que $(A_\lambda^{(\mu)}, \lambda \geq 0)$ est un peacock.

Définition 1.22. *(condition (L)). Soit $(X_\lambda, \lambda \geq 0; \mathbb{P}_x, x \in \mathbb{R})$ un processus de Markov à valeurs dans $\mathbb{R}_+$, continu à droite. On dit que ce processus satisfait la condition (L) si les conditions i) et ii) ci-dessous sont vérifiées :*

i) Pour tout $\lambda \geq 0$ et tous $0 \leq x \leq y$, la loi de X_λ sous $\mathbb{P}_y$ est stochastiquement plus grande que la loi de X_λ sous $\mathbb{P}_x$, i.e. pour tout $a \geq 0$:

$$\mathbb{P}_y(X_\lambda \geq a) \geq \mathbb{P}_x(X_\lambda \geq a). \tag{1.22}$$

ii) La transformée de Laplace $\mathbb{E}_x\left[e^{-tX_\lambda}\right]$ est de la forme :

$$\mathbb{E}_x\left[e^{-tX_\lambda}\right] = C_1(t, \lambda)\exp(-xC_2(t, \lambda)), \tag{1.23}$$

où C_1 et C_2 sont des fonctions positives telles que :

- *Pour tout $t > 0$ et $\lambda \geq 0$,*

$$\frac{\partial}{\partial t} C_2(t, \lambda) > 0. \tag{1.24}$$

- *Pour tout $t \geq 0$ et tout compact K, il existe deux constantes $k_K(t) > 0$ et $\widetilde{k}_K(t) < +\infty$ telles que :*

$$k_K(t) \leq \inf_{\lambda \in K} C_1(t, \lambda); \quad \sup_{\lambda \in K} C_2(t, \lambda) \leq \widetilde{k}_K(t). \tag{1.25}$$

Remarque 1.23. *En prenant $x = 0$ dans (1.23), on s'aperçoit que, pour tout λ, la fonction $C_1(\cdot, \lambda)$ est strictement monotone, de classe $\mathcal{C}^\infty$ sur $]0, +\infty[$ et continue en $t = 0$. Par conséquent, pour tout $\lambda \geq 0$, la fonction $C_2(\cdot, \lambda)$ est également de classe $\mathcal{C}^\infty$ sur $]0, +\infty[$ et continue en $t = 0$. En outre, pour tous $t > 0$ et $\lambda \geq 0$, nous avons :*

$$\mathbb{E}_x \left[X_\lambda e^{-tX_\lambda}\right] = \left(-\frac{\partial}{\partial t}C_1(t, \lambda) + xC_1(t, \lambda)\frac{\partial}{\partial t}C_2(t, \lambda)\right) \exp(-xC_2(t, \lambda)).$$

Nous ferons usage des notations suivantes : pour $t > 0$, $\lambda \geq 0$ et $y \in \mathbb{R}$,

$$\begin{cases} \alpha(t, \lambda, y) := -\dfrac{\partial}{\partial t}C_1(t, \lambda) + yC_1(t, \lambda), \\ \beta(t, \lambda) := C_1(t, \lambda)\dfrac{\partial}{\partial t}C_2(t, \lambda) > 0. \end{cases} \tag{1.26}$$

Avant de s'intéresser au résultat principal de cette partie, nous donnons deux exemples de processus qui vérifient la condition (L).

Exemple 1.24. Soit $(X_\lambda, \lambda \geq 0; \mathbb{Q}_x, x \in \mathbb{R}_+)$ un carré de Bessel de dimension $\delta \geq 0$ (noté $BESQ^\delta$, (voir [RY99], Chapitre IX)). Ce processus satisfait la condition (L) puisque :

- Pour tout $\lambda \geq 0$ et tous $0 \leq x \leq y$, la loi de X_λ sous $\mathbb{Q}_y$ est stochastiquement plus grande que celle de X_λ sous $\mathbb{Q}_x$; en effet, étant l'unique solution forte d'une EDS, un $BESQ^\delta$ possède la propriété de Markov forte (voir sous-section 1.2.2).
- Pour tout $t > 0$, nous avons :

$$\mathbb{Q}_x \left[e^{-tX_\lambda}\right] = \frac{1}{(1 + 2t\lambda)^{\frac{\delta}{2}}} \exp\left(-\frac{tx}{1 + 2t\lambda}\right),$$

ce qui montre qu'un $BESQ^\delta$ satisfait la condition ii) de la Définition 1.22.

En particulier, si $(X_\lambda, \lambda \geq 0)$ est un carré de Bessel de dimension 0, $(A_t^{(\mu)}, t \geq 0)$ est un peacock. Notons que l'Exemple 1.20 exclut les carrés de Bessel de dimension 0.

Exemple 1.25. (Une généralisation de l'exemple précédent pour $\delta = 0$).
Soit $(X_\lambda, \lambda \geq 0; \mathbb{P}_x, x \in \mathbb{R}_+)$ un processus de branchement à espace d'états continu (que nous notons CSBP, suivant la terminologie anglo-saxonne (voir [LG99])). Nous désignons par $P_\lambda(x, dy)$ la loi de X_λ sous $\mathbb{P}_x$, (avec $x \neq 0$), et par $*$ le produit de convolution. Alors (P_λ) satisfait :

$$\forall \lambda \geq 0, x \geq 0, x' \geq 0, \quad P_\lambda(x, \cdot) * P_\lambda(x', \cdot) = P_\lambda(x + x', \cdot),$$

ce qui entraîne (1.22) (voir [LG99], p.21-23). En conséquence, nous avons :

$$\mathbb{E}_x \left[e^{-tX_\lambda}\right] = \exp(-xC(t, \lambda)), \tag{1.27}$$

où $C : \mathbb{R}_+ \times \mathbb{R}_+ \to \mathbb{R}_+$ est une fonction telle que :

- pour tout $\lambda \geq 0$, $C(\cdot, \lambda)$ est continue sur $\mathbb{R}_+$, dérivable sur $]0, +\infty[$, et

$$\forall t > 0, \ \frac{\partial C}{\partial t}(t, \lambda) > 0,$$

- pour tout $t \geq 0$ et tout compact K, il existe une constante $k_K(t) < \infty$ telle que :

$$\sup_{\lambda \in K} C(t, \lambda) \leq k_K(t). \tag{1.28}$$

Donc, $(X_\lambda, \lambda \geq 0)$ satisfait (1.25).

Remarque 1.26. *Cet exemple généralise le précédent dans le sens suivant. Soit* $(Y_t, t \geq 0)$ *un processus de Lévy d'exposant caractéristique* $\psi(\lambda) = c\lambda^\alpha$, $(c > 0,\ \alpha \in]1, 2])$ *:*

$$\mathbb{E}\left[e^{-\lambda Y_t}\right] = \exp(-ct\lambda^\alpha).$$

On note $(H_t, t \geq 0)$ *le processus des hauteurs associé à* $(Y_t, t \geq 0)$*. Ce processus admet une famille de temps locaux* $(L_t^a(H), t \geq 0, a \geq 0)$ *et, en notant* $\tau_r(H) := \inf\{s \geq 0;\ L_s^0(H) > r\}$ *son inverse continu à droite, le processus* $\left(L^a_{\tau_r(H)}, a \geq 0\right)$ *est un CSBP stable d'index* α *(voir [LG99]). Observons que, pour* $\alpha = 2$ *et* $c = \frac{1}{2}$, $(Y_t := B_t, t \geq 0)$ *est un mouvement brownien standard issu de* 0, $(H_t, t \geq 0) \overset{(loi)}{=} (|B_t|, t \geq 0)$ *a même loi qu'un mouvement brownien réfléchi en* 0*, et, d'après le théorème de Ray-Knight,* $\left(L^a_{\tau_r(H)}, a \geq 0\right)$ *est un carré de Bessel de dimension* 0 *issu de* r*.*
On pourra consulter ([HPRY11], Chapitre 4) pour une description d'autres peacocks construits à partir de CSBP, ainsi que quelques martingales associées.

Nous allons à présent énoncer et prouver le résultat annoncé.

Théorème 1.27. *Soient* $(X_\lambda, \lambda \geq 0; \mathbb{P}_x, x \in \mathbb{R}_+)$ *un processus de Markov qui satisfait la condition (L) et* μ *une mesure positive finie sur* $\mathbb{R}_+$*. On définit, pour* $x \geq 0$, $\lambda \geq 0$ *et* $t \geq 0$, $h_\lambda(t) := \log\left(\mathbb{E}_x\left[e^{-tX_\lambda}\right]\right)$*. Alors, pour tout* $x \geq 0$ *:*

$$\left(A_t^{(\mu)} := \int_0^\infty e^{-tX_\lambda - h_\lambda(t)} \mu(d\lambda), t \geq 0\right) \text{ est un peacock sous } \mathbb{P}_x.$$

En particulier, si $(X_\lambda, \lambda \geq 0; \mathbb{P}_x, x \in \mathbb{R}_+)$ *est soit un* $BESQ^\delta$ *(avec* $\delta \geq 0$*) ou un CSBP, alors, pour tout* $x \geq 0$ *:*

$$\left(A_t^{(\mu)} := \int_0^\infty e^{-tX_\lambda - h_\lambda(t)} \mu(d\lambda), t \geq 0\right) \text{ est un peacock sous } \mathbb{P}_x.$$

Démonstration.
Soit $(X_\lambda, \lambda \geq 0; \mathbb{P}_x, x \in \mathbb{R}_+)$ un processus de Markov qui satisfait la condition (L). Alors :

1) le processus $(-X_\lambda, \lambda \geq 0)$ étant à valeurs négatives, (INT1) est clairement vérifiée. La condition (INT2) l'est également d'après (1.25). Ainsi, en s'inspirant de la preuve du Théorème 1.9, il suffit de prouver que $(A_t^{(\mu)}, t \geq 0)$ est un peacock lorsque μ est une combinaison linéaire de mesures de Dirac à coefficients positifs.

2) Pour $t \geq 0$, $a_1 \geq 0, \cdots, a_n \geq 0$ et $0 \leq \lambda_1 < \cdots < \lambda_n$, nous définissons :

$$A_t := \sum_{i=1}^n a_i e^{-tX_{\lambda_i} - h_{\lambda_i}(t)}.$$

Pour tout $\psi \in \mathbf{C}$, on a :

$$\frac{\partial}{\partial t}\mathbb{E}_x[\psi(A_t)] = -\mathbb{E}_x\left[\psi'(A_t)\sum_{i=1}^{n} a_i e^{-tX_{\lambda_i}-h_{\lambda_i}}(h'_{\lambda_i}(t)+X_{\lambda_i})\right]$$

et, comme dans la preuve du Théorème 1.9, nous montrons que, pour tout $i \in \{1, \cdots, n\}$, la quantité Δ_i ci-dessous est négative, où :

$$\begin{aligned}\Delta_i &= \mathbb{E}_x\left[\psi'(A_t)e^{-tX_{\lambda_i}-h_{\lambda_i}}(h'_{\lambda_i}(t)+X_{\lambda_i})\right]\\ &= \mathbb{E}_x[\psi'(A_t)e_{\lambda_i}(X_{\lambda_i})],\end{aligned}$$

avec

$$e_{\lambda_i}(z) := e^{-tz-h_{\lambda_i,x}(t)}(h'_{\lambda_i}(t)+z).$$

Notons que, puisque $\mathbb{E}_x\left[e^{-tX_{\lambda_i}-h_{\lambda_i}(t)}\right] = 1$:

$$\mathbb{E}_x[e_{\lambda_i}(X_{\lambda_i})] = 0 \tag{1.29}$$

et que la fonction

$$(y_1, \cdots, y_n) \mapsto \psi'\left(\sum_{j=0}^{n} a_j e^{-ty_j-h_{\lambda_j}(t)}\right)$$

est bornée et décroît en chacun de ses arguments. Il suffit donc de montrer que, pour toute fonction borélienne bornée $\phi : \mathbb{R}^n \to \mathbb{R}_+$ qui décroît en chacun de ses arguments, et pour tout $i \in \{1, \cdots, n\}$,

$$\mathbb{E}_x\left[\phi(X_{\lambda_1}, \cdots, X_{\lambda_n})e_{\lambda_i}(X_{\lambda_i})\right] \leq 0. \tag{1.30}$$

3) Prouvons (1.30).

a) Nous pouvons supposer $i = n$. En effet, grâce à (1.22) et au Lemme 1.12, nous avons, pour $i < n$:

$$\begin{aligned}\mathbb{E}_x[\phi(X_{\lambda_1}, \cdots, X_{\lambda_n})e_{\lambda_i}(X_{\lambda_i})] &= \mathbb{E}_x[\mathbb{E}_x[\phi(X_{\lambda_1}, \cdots, X_{\lambda_n})e_{\lambda_i}(X_{\lambda_i})|\mathcal{F}_{\lambda_i}]e_{\lambda_i}(X_{\lambda_i})]\\ &= \mathbb{E}_x\left[\widetilde{\phi}_i(X_{\lambda_1}, \cdots, X_{\lambda_i})e_{\lambda_i}(X_{\lambda_i})\right],\end{aligned}$$

où $\widetilde{\phi}_i : \mathbb{R}^i \to \mathbb{R}$ est une fonction borélienne bornée qui décroît en chacun de ses arguments.

b) D'autre part, on a :

$$\begin{aligned}&\mathbb{E}_x\left[\widetilde{\phi}_i(X_{\lambda_1}, \cdots, X_{\lambda_i})e_{\lambda_i}(X_{\lambda_i})\right]\\ &= \mathbb{E}_x\left[\widetilde{\phi}_i(X_{\lambda_1}, \cdots, X_{\lambda_i})e^{-tX_{\lambda_i}-h_{\lambda_i}(t)}(h'_{\lambda_i}(t)+X_{\lambda_i})\right]\\ &\leq \mathbb{E}_x\left[\widetilde{\phi}_i(X_{\lambda_1}, \cdots, X_{\lambda_{i-1}}, -h'_{\lambda_i}(t))e_{\lambda_i}(X_{\lambda_i})\right]\\ &\quad (\text{puisque } \widetilde{\phi}_i(X_{\lambda_1}, \cdots, X_{\lambda_i})(h'_{\lambda_i}(t)+X_{\lambda_i}) \leq \widetilde{\phi}_i(X_{\lambda_1}, \cdots, X_{\lambda_{i-1}}, -h'_{\lambda_i}(t))(h'_{\lambda_i}(t)+X_{\lambda_i}))\\ &= \mathbb{E}_x\left[\widetilde{\widetilde{\phi}}_i(X_{\lambda_1}, \cdots, X_{\lambda_{i-1}})e_{\lambda_i}(X_{\lambda_i})\right],\end{aligned}$$

où $\widetilde{\widetilde{\phi}}_i : \mathbb{R}^{i-1} \to \mathbb{R}$ est une fonction borélienne bornée qui décroît en chacun de ses arguments, et qui est définie par :

$$\widetilde{\widetilde{\phi}}_i(z_1, \cdots, z_{i-1}) = \widetilde{\phi}(z_1, \cdots, z_{i-1}, -h'_{\lambda_i}(t)). \tag{1.31}$$

c) Il ne reste plus qu'à montrer le lemme suivant :

Lemme 1.28. *Pour tous $i \in \{1, \cdots, n\}$ et $j \in \{0, 1, \cdots, i-1\}$, soit $\phi : \mathbb{R}^j \to \mathbb{R}$ une fonction borélienne bornée qui décroît en chacun de ses arguments. Alors,*

$$\mathbb{E}_x\left[\widetilde{\phi}_i(X_{\lambda_1}, \cdots, X_{\lambda_j})e_{\lambda_i}(X_{\lambda_i})\right] \leq 0. \tag{1.32}$$

En particulier,

$$\mathbb{E}_x\left[\widetilde{\phi}_i(X_{\lambda_1}, \cdots, X_{\lambda_{i-1}})e_{\lambda_i}(X_{\lambda_i})\right] \leq 0. \tag{1.33}$$

Démonstration.
Nous prouvons ce lemme par récurrence sur j.

• Pour $j = 0$, ϕ est constant et on a :

$$\mathbb{E}_x[\phi e_{\lambda_i}(X_{\lambda_i})] = \phi\mathbb{E}_x[e_{\lambda_i}(X_{\lambda_i})] = 0 \quad \text{(d'après (1.29))}.$$

• D'autre part, si on suppose (1.32) pour tout $0 \leq j < i-1$, alors

$$\begin{aligned}
&\mathbb{E}_x\left[\phi(X_{\lambda_1}, \cdots, X_{\lambda_j}, X_{\lambda_{j+1}})e_{\lambda_i}(X_{\lambda_i})\right] \\
&= \mathbb{E}_x\left[\phi(X_{\lambda_1}, \cdots, X_{\lambda_j}, X_{\lambda_{j+1}})P_{\lambda_i - \lambda_{j+1}}e_{\lambda_i}(X_{\lambda_{j+1}})\right] \quad \text{(d'après la propriété de Markov)} \\
&= \mathbb{E}_x[\phi(X_{\lambda_1}, \cdots, X_{\lambda_j}, X_{\lambda_{j+1}})e^{-X_{\lambda_{j+1}}C_2(t,\lambda_i - \lambda_{j+1}) - h_{\lambda_i}(t)} \\
&\quad \cdot \left(\alpha(t, \lambda_i - \lambda_{j+1}, h'_{\lambda_i}(t)) + X_{\lambda_{j+1}}\beta(t, \lambda_i - \lambda_{j+1})\right)] \text{ (d'après (1.23) et (1.26), où } \beta > 0) \\
&\leq \mathbb{E}_x\left[\phi\left(X_{\lambda_1}, \cdots, X_{\lambda_j}, -\frac{\alpha(t, \lambda_i - \lambda_{j+1}, h'_{\lambda_i}(t))}{\beta(t, \lambda_i - \lambda_{j+1})}\right)P_{\lambda_i - \lambda_{j+1}}e_{\lambda_i}(X_{\lambda_{j+1}})\right] \\
&= \mathbb{E}_x\left[\widetilde{\phi}(X_{\lambda_1}, \cdots, X_{\lambda_j})e_{\lambda_i}(X_{\lambda_i})\right] \leq 0 \text{ (d'après l'hypothèse de récurrence)},
\end{aligned}$$

où $\widetilde{\phi} : \mathbb{R}^j \to \mathbb{R}$ est donnée par :

$$\widetilde{\phi}(z_1, \cdots, z_j) = \phi\left(z_1, \cdots, z_j, -\frac{\alpha(t, \lambda_i - \lambda_{j+1}, h'_{\lambda_i}(t))}{\beta(t, \lambda_i - \lambda_{j+1})}\right).$$

□

1.3 Peacocks obtenus sous l'hypothèse de monotonie conditionnelle soit par centrage, soit par normalisation

1.3.1 Présentation de deux familles de processus et de quelques exemples

Soit $(V_t, t \geq 0)$ un processus continu et intégrable, i.e. $\mathbb{E}[|V_t|] < \infty$, pour tout $t \geq 0$. Nous considérons les deux familles suivantes :

$$(C_t := V_t - \mathbb{E}[V_t], t \geq 0), \tag{1.34}$$

$$\left(N_t := \frac{V_t}{\mathbb{E}[V_t]}, t \geq 0\right) \text{ avec } \mathbb{E}[V_t] > 0 \text{ pour tout } t \geq 0. \tag{1.35}$$

Observons que, pour tout $t \geq 0$, $\mathbb{E}[C_t] = 0$ et $E[N_t] = 1$, et que de ce fait, nous adoptons la notation C pour centré et N pour normalisé. Puisque les quantités $\mathbb{E}[C_t]$ et $E[N_t]$ ne dépendent pas de t, il se pose naturellement la question de savoir sous quelles conditions sur $(V_t, t \geq 0)$ les processus $(C_t, t \geq 0)$ et $(N_t, t \geq 0)$ sont des peacocks.
Commençons par donner quelques exemples.

Exemple 1.29. (Carr-Ewald-Xiao [CEX08]).
Si $\mathbf{V}_t = \int_0^t e^{B_s - \frac{s}{2}} ds$, où $(B_s, s \geq 0)$ est un mouvement brownien issu de 0, alors Carr, Ewald et Xiao ont montré que

$$\left(\mathbf{N}_t := \frac{1}{t}\int_0^t e^{B_s - \frac{s}{2}} ds, t \geq 0\right) \text{ est un peacock.} \tag{1.36}$$

Notons que $\mathbb{E}[\mathbf{V}_t] = t$ pour tout $t \geq 0$. Dans [BY09], Baker-Yor ont exhibé une martingale associée à $(N_t, t \geq 0)$.

Exemple 1.30. Soient $\sigma : \mathbb{R}_+ \times \mathbb{R} \to \mathbb{R}$, $b : \mathbb{R}_+ \times \mathbb{R} \to \mathbb{R}$ deux fonctions boréliennes telles que les applications $\sigma_s : x \mapsto \sigma(s, x)$ et $b_s : x \mapsto b(s, x)$ soient localement lipschitziennes en x, uniformément sur les compacts en s. On considère l'EDS :

$$Y_t = x_0 + \int_0^t \sigma(s, Y_s) dB_s + \int_0^t b(s, Y_s) ds. \tag{1.37}$$

Soit $(X_t, t \geq 0)$ une solution de (1.37) à valeurs dans un intervalle I de $\mathbb{R}$. Pour tout $s \geq 0$, on désigne par $\mathcal{L}_s$ l'opérateur différentiel du second ordre :

$$\mathcal{L}_s := \frac{1}{2}\sigma^2(s, x)\frac{\partial^2}{\partial x^2} + b(s, x)\frac{\partial}{\partial x}.$$

Soit $\theta : I \to \mathbb{R}_+$ une fonction croissante de classe $\mathcal{C}^2$ telle que :

$$\left(M_t := \theta(X_t) - \theta(x_0) - \int_0^t \mathcal{L}_s\theta(X_s) ds, t \geq 0\right) \text{ est une martingale.}$$

i) Si pour tout $s \geq 0$, $x \mapsto \mathcal{L}_s\theta(x)$ est croissante, alors

$$(C_t := \theta(X_t) - \mathbb{E}[\theta(X_t)], t \geq 0) \text{ est un peacock.}$$

En particulier, si $\theta(x) = x$ et si pour tout $s \geq 0$, $x \mapsto \mathcal{L}_s\theta(x) = b(s, x)$ est croissante, alors $(C_t := X_t - \mathbb{E}[X_t], t \geq 0)$ est un peacock.

ii) Si θ est strictement positive et si, pour tout $s \geq 0$:

$$v_s : x \in I \mapsto \frac{\mathcal{L}_s\theta(x)}{\theta(x)} \text{ est une fonction croissante,} \tag{1.38}$$

alors :

$$\left(N_t := \frac{\theta(X_t)}{\mathbb{E}[\theta(X_t)]}, t \geq 0\right) \text{ est un peacock.}$$

Démonstration.
Montrons déjà i).

Soient $\psi \in \mathbf{C}$, $h(t) = \mathbb{E}[\theta(X_t)]$ et $0 \leq s < t$. D'après la formule d'Itô, nous avons :

$$\psi(\theta(X_t) - h(t)) - \psi(\theta(X_s) - h(s)) =$$
$$\int_s^t \psi'(\theta(X_u) - h(u))[dM_u + \mathcal{L}_u\theta(X_u)du - h'(u)du] +$$
$$\frac{1}{2}\int_s^t \psi''(\theta(X_u) - h(u))d\langle M\rangle_u.$$

Il suffit alors, pour tout $s \leq u < t$, de montrer que :

$$\mathbb{E}\left[\psi'(\theta(X_u) - h(u))(\mathcal{L}_u\theta(X_u) - h'(u))\right] \geq 0. \tag{1.39}$$

Mais, puisque

$$\mathbb{E}[\mathcal{L}_u\theta(X_u) - h'(u)] = 0, \text{ pour tout } s \leq u < t, \tag{1.40}$$

nous avons (d'après le Lemme 1.5) :

$$\mathbb{E}\left[\psi'(\theta(X_u) - h(u))(\mathcal{L}_u\theta(X_u) - h'(u))\right] \geq$$
$$\psi'\left(\theta\left[(\mathcal{L}_u\theta)^{-1}(h'(u))\right] - h(u)\right)\mathbb{E}\left[\mathcal{L}_u\theta(X_u) - h'(u)\right] = 0,$$

ce qui donne (1.39).
Prouvons maintenant ii).

Pour tout $t \geq 0$, posons $h(t) = \mathbb{E}[\theta(X_t)]$ et notons que h est strictement positive. En appliquant la formule d'Itô pour $\psi \in \mathbf{C}$ et $0 \leq s < t$, on a :

$$\begin{aligned}\psi\left(\frac{\theta(X_t)}{h(t)}\right) = \psi\left(\frac{\theta(X_s)}{h(s)}\right) &+ \int_s^t \psi'\left(\frac{\theta(X_u)}{h(u)}\right)\left[\frac{dM_u}{h(u)} + \frac{\mathcal{L}_u\theta(X_u)du}{h(u)}\right] \\ &- \int_s^t \psi'\left(\frac{\theta(X_u)}{h(u)}\right)\frac{h'(u)\theta(X_u)}{h^2(u)}du \\ &+ \frac{1}{2}\int_s^t \psi''\left(\frac{\theta(X_u)}{h(u)}\right)\frac{1}{h^2(u)}d\langle M\rangle_u.\end{aligned}$$

Il suffit donc de montrer que : pour tout $s \leq u < t$,

$$K(u) := \mathbb{E}\left[\psi'\left(\frac{\theta(X_u)}{h(u)}\right)\left[\frac{\mathcal{L}_u\theta(X_u)}{h(u)} - \frac{h'(u)\theta(X_u)}{h^2(u)}\right]\right] \geq 0. \tag{1.41}$$

Pour cela, observons que :

$$\mathbb{E}\left[\frac{\mathcal{L}_u\theta(X_u)}{h(u)} - \frac{h'(u)\theta(X_u)}{h^2(u)}\right] = 0, \tag{1.42}$$

puisque $u \longmapsto \dfrac{1}{h(u)}\mathbb{E}\left[\theta(X_u)\right]$ est constant et

$$\frac{d}{du}\mathbb{E}\left[\theta(X_u)\right] = \mathbb{E}[\mathcal{L}_u\theta(X_u)].$$

Comme $x \longmapsto v_u(x)$ est croissante (d'après (1.38)), alors, pour tout $s \leq u < t$, nous avons (cf. Lemme 1.5) :

$$K(u) = \mathbb{E}\left[\psi'\left(\frac{\theta(X_u)}{h(u)}\right)\frac{\theta(X_u)}{h(u)}\left(v_u(X_u) - \frac{h'(u)}{h(u)}\right)\right]$$

$$\geq \psi'\left(\frac{\theta\left(v_u^{-1}\left(\frac{h'(u)}{h(u)}\right)\right)}{h(u)}\right)\mathbb{E}\left[\frac{\theta(X_u)}{h(u)}\left(v_u(X_u) - \frac{h'(u)}{h(u)}\right)\right] = 0,$$

ce qui entraîne le résultat annoncé. □

Exemple 1.31.

i) Si $V_t = tX$, où X est une v.a. intégrable, alors $(C_t := t(X - \mathbb{E}[X]), t \geq 0)$ est un peacock (voir [HPRY11], Chapitre 1).

ii) Si $V_t = e^{tX}$, où X est une v.a. réelle telle que, pour tout $t \geq 0$, $E[e^{tX}] < \infty$, alors, d'après l'exemple 1.11 appliqué à $\mu = \delta_1$, où δ_1 est la mesure de Dirac au point 1, nous avons :

$$\left(N_t := \frac{e^{tX}}{\mathbb{E}[e^{tX}]}, t \geq 0\right) \text{ est un peacock.}$$

En particulier, si $(G_u, u \geq 0)$ est un processus mesurable, gaussien et centré ayant pour fonction de covariance $K(s,t) := \mathbb{E}[G_s G_t]$, et si ν est une mesure de Radon positive sur $\mathbb{R}_+$, alors :

$$\left(N_t^{(\nu)} := \frac{\exp\left(\int_0^t G_u \nu(du)\right)}{\mathbb{E}\left[\exp\left(\int_0^t G_u \nu(du)\right)\right]}, t \geq 0\right) \text{ est un peacock}$$

dès que

$$t \mapsto \gamma(t) := \int_0^t \int_0^t K(u,v)\nu(du)\nu(dv) \text{ est une fonction croissante.}$$

En effet,

$$\int_0^t G_u \nu(du) \overset{\text{(loi)}}{=} \sqrt{\gamma(t)}G,$$

où G est une gaussienne centrée réduite. De plus, si $(B_t, t \geq 0)$ est un mouvement brownien issu de 0, alors $\left(M_t := \exp\left(B_{\gamma(t)} - \frac{\gamma(t)}{2}\right), t \geq 0\right)$ est une martingale associée à $\left(N_t^{(\nu)}, t \geq 0\right)$.

Il peut arriver que l'on obtienne simultanément un peacock et l'une de ses martingales associées. Les résultats de l'exemple ci-dessous en sont l'illustration. Nous les énonçons sans démonstration puisqu'ils sont assez proches des résultats présentés dans ([HPRY11], Chapitre 2).

Exemple 1.32. Soit $(L_t, t \geq 0)$ un processus de Lévy tel que :

$$\mathbb{E}\left[\exp\left(\int_0^t L_s ds\right)\right] < \infty, \text{ pour tout } t \geq 0.$$

Alors :

1)

$$\left(N_t := \frac{\exp\left(\int_0^t L_s\, ds\right)}{\mathbb{E}\left[\exp\left(\int_0^t L_s\, ds\right)\right]}, t \geq 0\right) \text{ est un peacock}$$

et

$$\left(M_t := \frac{\exp\left(\int_0^t s\, dL_s\right)}{\mathbb{E}\left[\exp\left(\int_0^t s\, dL_s\right)\right]}, t \geq 0\right)$$

est une martingale associée à $(N_t, t \geq 0)$.

2)

$$\left(\widetilde{N}_t := \frac{\exp\left(\frac{1}{t}\int_0^t L_s\, ds\right)}{\mathbb{E}\left[\exp\left(\frac{1}{t}\int_0^t L_s\, ds\right)\right]}, t \geq 0\right) \text{ est un peacock}$$

et

$$\left(\widetilde{M}_t := \frac{\exp\left(\int_0^1 W_{u,t}^{(L)}\, du\right)}{\mathbb{E}\left[\exp\left(\int_0^1 W_{u,t}^{(L)}\, du\right)\right]}, t \geq 0\right)$$

est une $(\mathcal{G}_t^{(L)}, t \geq 0)$-martingale associée à $(\widetilde{N}_t, t \geq 0)$, où $\left(W_{u,t}^{(L)}, u \geq 0, t \geq 0\right)$ désigne le drap de Lévy associé à $(L_t, t \geq 0)$ et

$$\mathcal{G}_t^{(L)} = \sigma\left(W_{u,s}^{(L)}, u \geq 0, 0 \leq s \leq t\right) \text{ (voir [HRY11]).}$$

Il existe des processus $(V_t, t \geq 0)$ pour lesquels $(N_t, t \geq 0)$ n'est pas un peacock. Nous présentons, en particulier, des situations où $(N_t, t \geq 0)$ décroît pour l'ordre convexe.

Contre-exemple 1.33. Soit $(X_t, t \geq 0)$ un processus mesurable à valeurs dans $\mathbb{R}_+$ satisfaisant $0 < \mathbb{E}[X_t] < \infty$, tel que :

$$\forall\, 0 \leq s \leq t, \quad \varphi_{s,t} : x \mapsto \frac{1}{x}\mathbb{E}[X_s | X_t = x] \text{ est une fonction croissante.} \tag{1.43}$$

Un exemple de processus vérifiant la propriété (1.43) est donné à la fin de ce paragraphe. On a :

a)

$$\left(N_t := \frac{X_t}{\mathbb{E}[X_t]}, t \geq 0\right) \text{ décroît pour l'ordre convexe,}$$

b) et si de plus, $(X_t, t \geq 0)$ est càdlàg et vérifie

$$\mathbb{E}\left[\sup_{0 \leq u \leq t} |X_u|\right] < \infty,$$

alors, pour toute mesure de Radon positive ν sur $\mathbb{R}_+$,

$$\left(N_t := \frac{\displaystyle\int_0^t X_u \nu(du)}{\mathbb{E}\left[\displaystyle\int_0^t X_u \nu(du)\right]}, t \geq 0\right) \text{ décroît pour l'ordre convexe.}$$

Démonstration.
a) Pour toute fonction positive $\psi \in \mathbf{C}$, et tous $0 \leq s < t$, nous avons :

$$\begin{aligned}
&\mathbb{E}\left[\psi\left(\frac{X_t}{\mathbb{E}[X_t]}\right)\right] - \mathbb{E}\left[\psi\left(\frac{X_s}{\mathbb{E}[X_s]}\right)\right] \\
&\leq \mathbb{E}\left[\psi'\left(\frac{X_t}{\mathbb{E}[X_t]}\right)\left(\frac{X_t}{\mathbb{E}[X_t]} - \frac{X_s}{\mathbb{E}[X_s]}\right)\right] \quad \text{(puisque } \psi \text{ est convexe)} \\
&= \mathbb{E}\left[\psi'\left(\frac{X_t}{\mathbb{E}[X_t]}\right)\frac{X_t}{\mathbb{E}[X_t]}\left(1 - \frac{\mathbb{E}[X_t]}{\mathbb{E}[X_s]}\frac{\mathbb{E}[X_s|X_t]}{X_t}\right)\right] \\
&= \mathbb{E}\left[\psi'\left(\frac{X_t}{\mathbb{E}[X_t]}\right)\frac{X_t}{\mathbb{E}[X_t]}\left(1 - \frac{\mathbb{E}[X_t]}{\mathbb{E}[X_s]}\varphi_{s,t}(X_t)\right)\right]
\end{aligned}$$

Soit $\varphi_{s,t}^{-1}$ l'inverse continu à droite de la fonction $\varphi_{s,t}$. Puisque ψ' est croissante, alors, en distinguant les cas $\frac{\mathbb{E}[X_t]}{\mathbb{E}[X_s]}\varphi_{s,t}(X_t) \leq 1$ et $\frac{\mathbb{E}[X_t]}{\mathbb{E}[X_s]}\varphi_{s,t}(X_t) \geq 1$, on obtient :

$$\begin{aligned}
&\mathbb{E}\left[\psi\left(\frac{X_t}{\mathbb{E}[X_t]}\right)\right] - \mathbb{E}\left[\psi\left(\frac{X_s}{\mathbb{E}[X_s]}\right)\right] \\
&\leq \psi'\left(\frac{1}{\mathbb{E}[X_t]}\varphi_{s,t}^{-1}\left(\frac{\mathbb{E}[X_s]}{\mathbb{E}[X_t]}\right)\right)\mathbb{E}\left[\frac{X_t}{\mathbb{E}[X_t]}\left(1 - \frac{\mathbb{E}[X_t]}{\mathbb{E}[X_s]}\varphi_{s,t}(X_t)\right)\right] \quad \text{(d'après le Lemme 1.5)} \\
&= \psi'\left(\frac{1}{\mathbb{E}[X_t]}\varphi_{s,t}^{-1}\left(\frac{\mathbb{E}[X_s]}{\mathbb{E}[X_t]}\right)\right)\mathbb{E}\left[\frac{X_t}{\mathbb{E}[X_t]} - \frac{X_s}{\mathbb{E}[X_s]}\right] = 0
\end{aligned}$$

b) Par approximation, on peut se restreindre aux mesures ν qui sont absolument continues par rapport à la mesure de Lebesgue et qui admettent une densité continue ρ, i.e.

$$\nu(dt) = \rho(t)dt.$$

Alors, avec $\psi \in \mathbf{C}$ et $h(t) := \mathbb{E}\left[\int_0^t X_u\rho(u)du\right]$, nous avons :

$$\begin{aligned}
&\frac{d}{dt}\mathbb{E}\left[\psi\left(\frac{\int_0^t X_u\rho(u)du}{h(t)}\right)\right]\\
&= \mathbb{E}\left[\psi'\left(\frac{\int_0^t X_u\rho(u)du}{h(t)}\right)\left(\frac{X_t\rho(t)}{h(t)} - \frac{h'(t)}{h^2(t)}\int_0^t X_u\rho(u)du\right)\right]\\
&\leq \frac{1}{h(t)}\mathbb{E}\left[\psi'\left(\frac{X_t\rho(t)}{h'(t)}\right)\left(X_t\rho(t) - \frac{h'(t)}{h(t)}\int_0^t X_u\rho(u)du\right)\right]
\end{aligned}$$

car ψ' est croissante, et si

$$\frac{X_t\rho(t)}{h(t)} \geq \frac{h'(t)}{h^2(t)}\int_0^t X_u\rho(u)du \quad (\text{resp. } \frac{X_t\rho(t)}{h(t)} \leq \frac{h'(t)}{h^2(t)}\int_0^t X_u\rho(u)du),$$

alors

$$\frac{X_t\rho(t)}{h'(t)} \geq \frac{\int_0^t X_u\rho(u)du}{h(t)} \quad (\text{resp. } \frac{X_t\rho(t)}{h'(t)} \leq \frac{\int_0^t X_u\rho(u)du}{h(t)}).$$

Ainsi, en conditionnant par rapport à X_t,

$$\begin{aligned}
&\frac{d}{dt}\mathbb{E}\left[\psi\left(\frac{\int_0^t X_u\rho(u)du}{h(t)}\right)\right]\\
&\leq \frac{1}{h(t)}\mathbb{E}\left[\psi'\left(\frac{X_t\rho(t)}{h'(t)}\right)\left(X_t\rho(t) - \frac{h'(t)}{h(t)}\int_0^t \mathbb{E}[X_u|X_t]\rho(u)du\right)\right]\\
&= \frac{1}{h(t)}\mathbb{E}\left[\psi'\left(\frac{X_t\rho(t)}{h'(t)}\right)X_t\left(\rho(t) - \frac{h'(t)}{h(t)}\int_0^t \varphi_{u,t}(X_t)\rho(u)du\right)\right]\\
&= \frac{1}{h(t)}\mathbb{E}\left[\psi'\left(\frac{X_t\rho(t)}{h'(t)}\right)X_t\left(\rho(t) - \frac{h'(t)}{h(t)}\widehat{\varphi}_t(X_t)\right)\right],\\
&\quad (\text{où } \widehat{\varphi}_t : x \mapsto \int_0^t \varphi_{u,t}(x)\rho(u)du \text{ est une fonction croissante}),
\end{aligned}$$

et si $\widehat{\varphi}_t^{-1}$ désigne l'inverse continu à droite de $\widehat{\varphi}_t$, alors

$$\begin{aligned}
&\frac{d}{dt}\mathbb{E}\left[\psi\left(\frac{\int_0^t X_u\rho(u)du}{h(t)}\right)\right]\\
&\leq \frac{1}{h(t)}\psi'\left(\frac{\rho(t)}{h'(t)}\widehat{\varphi}_t^{-1}\left(\frac{\rho(t)h(t)}{h'(t)}\right)\right)\mathbb{E}\left[X_t\left(\rho(t) - \frac{h'(t)}{h(t)}\widehat{\varphi}_t(X_t)\right)\right] \text{ (cf. Lemme 1.5)}\\
&= \frac{1}{h(t)}\psi'\left(\frac{\rho(t)}{h'(t)}\widehat{\varphi}_t^{-1}\left(\frac{\rho(t)h(t)}{h'(t)}\right)\right)\mathbb{E}\left[X_t\rho(t) - \frac{h'(t)}{h(t)}\int_0^t X_u\rho(u)du\right] = 0. \quad \square
\end{aligned}$$

En particulier, si $f : \mathbb{R}_+ \to \mathbb{R}_+$ est une fonction croissante de classe $\mathcal{C}^1$ telle que $x \mapsto \frac{xf'(x)}{f(x)}$ est décroissante, et si $(\gamma_t, t \geq 0)$ désigne le subordinateur Gamma, alors les processus

$$\left(N_t^a := \frac{f(\gamma_t)}{\mathbb{E}[f(\gamma_t)]}, t \geq 0\right)$$

et

$$\left(N_t^b := \frac{\displaystyle\int_0^t f(\gamma_s)\,ds}{\mathbb{E}\left[\displaystyle\int_0^t f(\gamma_s)\,ds\right]}, t \geq 0 \right)$$

décroissent pour l'ordre convexe. Cette assertion résulte des Points a) et b) ci-dessus et d'une propriété classique du subordinateur Gamma : pour tout $t \geq 0$, le processus (de Dirichlet) $\left(\frac{\gamma_s}{\gamma_t}, 0 \leq s \leq t\right)$ est indépendant de la v.a. γ_t.

Dans la suite de ce chapitre, nous aurons besoin du lemme suivant :

Lemme 1.34. *Soit U une variable aléatoire intégrable. Alors, les propriétés suivantes sont équivalentes :*

1) pour tout réel c, $\mathbb{E}\left[1_{\{U \geq c\}} U\right] \geq 0$,

2) pour toute fonction bornée et croissante $h : \mathbb{R} \to \mathbb{R}_+$:

$$\mathbb{E}[h(U)U] \geq 0,$$

3) $\mathbb{E}[U] \geq 0$.

1.3.2 Lien entre les propriétés de peacock de C et N

Soit $(V_t, t \geq 0)$ un processus tel que $0 < \mathbb{E}[V_t] < +\infty$. Nous montrons que la propriété de peacock de $(C_t := V_t - \mathbb{E}[V_t], t \geq 0)$ et celle de $\left(N_t := \frac{V_t}{\mathbb{E}[V_t]}, t \geq 0\right)$ sont liées. Pour cela, nous utilisons le résultat immédiat ci-après :

Proposition 1.35. *Soit $(X_t, t \geq 0)$ un peacock centré et $\varphi : \mathbb{R}_+ \to \mathbb{R}_+$ une fonction croissante. Alors $(\varphi(t)X_t, t \geq 0)$ est un peacock.*

La Proposition 1.35 permet de lier les propriétés de peacock de C et de N. Nous avons en effet :

Corollaire 1.36. *On suppose que $(V_t, t \geq 0)$ satisfait $0 < \mathbb{E}[V_t] < +\infty$ pour tout $t \geq 0$, et que $t \mapsto \mathbb{E}[V_t]$ est monotone. Alors :*

1) Si $t \mapsto \mathbb{E}[V_t]$ est croissante, nous avons l'implication :

$$(N_t, t \geq 0) \text{ est un peacock } \Rightarrow (C_t, t \geq 0) \text{ est un peacock.}$$

2) Si $t \mapsto \mathbb{E}[V_t]$ est décroissante, nous obtenons l'implication inverse :

$$(C_t, t \geq 0) \text{ est un peacock } \Rightarrow (N_t, t \geq 0) \text{ est un peacock.}$$

Démonstration.
Il suffit d'appliquer la Proposition 1.35 : pour prouver 1), on prend $X_t = N_t - 1$ et $\varphi(t) = \mathbb{E}[V_t]$, et on en déduit que $(C_t = \varphi(t)X_t, t \geq 0)$ est un peacock ; tandis que pour 2), on prend $X_t = C_t$ et $\varphi(t) = \frac{1}{\mathbb{E}[V_t]}$, et on obtient le peacock $(N_t = \varphi(t)X_t + 1, t \geq 0)$. □

Les deux exemples suivants montrent qu'il existe des processus $(V_t, t \geq 0)$ pour lesquels $\left(N_t := \dfrac{V_t}{\mathbb{E}[V_t]}, t \geq 0\right)$ est un peacock bien que $(C_t := V_t - \mathbb{E}[V_t], t \geq 0)$ ne le soit pas.

Exemple 1.37. (Dû à F. Hirsch).
Soit G une variable normale, et soient $\alpha, \beta : \mathbb{R}_+ \to \mathbb{R}_+$ des fonctions strictement positives. Si on pose $V_t = \alpha(t)G + \beta(t)$, alors

i) $\left(N_t := \dfrac{V_t}{\mathbb{E}[V_t]}, t \geq 0\right)$ est un peacock si et seulement si $t \longmapsto \dfrac{\alpha(t)}{\beta(t)}$ est croissante,

ii) $(C_t := V_t - \mathbb{E}[V_t], t \geq 0)$ est un peacock si et seulement si α est croissante.

Exemple 1.38. Soit X une v.a. et soit μ la loi de X. Supposons que $\mathbb{E}[|X|e^{tX}] < \infty$ pour tout $t \geq 0$ et que supp $\mu = \mathbb{R}$. Posons $\alpha(t) := \mathbb{E}\left[e^{tX}\right]$. Alors :

1) $\left(N_t := \dfrac{e^{tX}}{\alpha(t)}, t \geq 0\right)$ est un peacock.

2) $(C_t := e^{tX} - \alpha(t), t \geq 0)$ est un peacock si et seulement si α est croissante.

Notons que, si $\mathbb{E}[X] > 0$, alors, d'après le Lemme 1.34,

$$\alpha'(t) = \mathbb{E}[Xe^{tX}] \geq 0. \tag{1.44}$$

Démonstration.
Le premier point découle du Point ii) de l'Exemple 1.31. Pour prouver le Point 2), nous notons que

$$0 = \frac{\partial}{\partial t}\mathbb{E}[C_t] = \mathbb{E}\left[Xe^{tX} - \alpha'(t)\right], \text{ for every } t \geq 0 \tag{1.45}$$

et, pour toute fonction convexe $\psi \in \mathbf{C}$:

$$\frac{\partial}{\partial t}\mathbb{E}[\psi(C_t)] = \mathbb{E}[\psi'(e^{tX} - \alpha(t))(Xe^{tX} - \alpha'(t))]. \tag{1.46}$$

i) Supposons que α est croissante. La fonction $f_t : x \mapsto xe^{tx} - \alpha'(t)$ ne s'annule alors qu'en un seul point $a \geq 0$ et

$$f_t(x) > 0, \text{ pour tout } x > a.$$

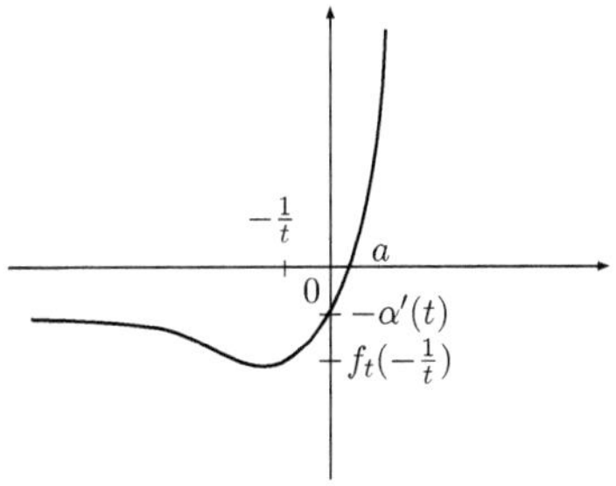

fig.1. Graphe de f_t lorsque α est strictement croissante et $t > 0$.

En effet, la dérivée f_t' de f_t étant strictement positive sur $[0,+\infty[$, f_t est une fonction continue et strictement croissante, i.e., une bijection de $[0,+\infty[$ sur $[-\alpha'(t),+\infty[$, $0 \in [-\alpha'(t),+\infty[$ puisque $\alpha'(t) \geq 0$ pour tout $t \geq 0$, et $f_t^{-1}(0) = a$; De plus, $f_t(x) < 0$ pour tout $x < 0$; il ne reste plus qu'à distinguer les cas $X \leq a$ et $X \geq a$ pour obtenir :

$$\frac{\partial}{\partial t}\mathbb{E}[\psi(C_t)] \geq \psi'\left(e^{ta} - \alpha(t)\right)\mathbb{E}\left[Xe^{tX} - \alpha'(t)\right] = 0,$$

ce qui montre que $(C_t := e^{tX} - \alpha(t), t \geq 0)$ est un peacock.
ii) Si α n'est pas croissante, alors il existe $t_0 > 0$ tel que $\alpha'(t_0) < 0$. Ainsi, la fonction $f_{t_0} : x \mapsto xe^{t_0 x} - \alpha'(t_0)$ possède exactement deux zéros $a_1 < a_2 < 0$ et

$$f_{t_0}(x) \text{ est } \begin{cases} \text{strictement positive si } x < a_1, \\ \text{strictement négative si } a_1 < x < a_2, \\ \text{strictement positive si } x > a_2. \end{cases}$$

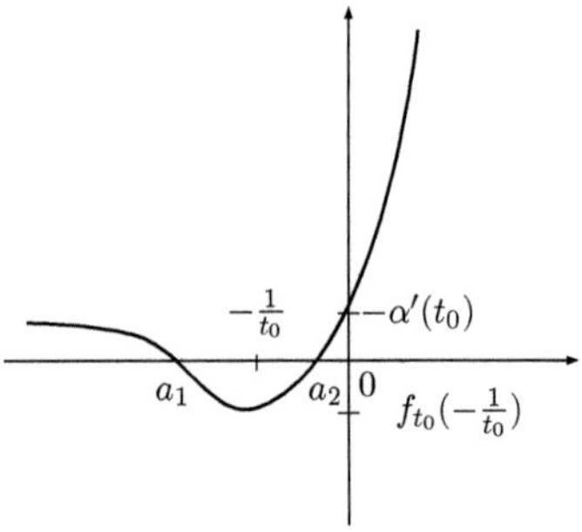

fig.2. Graphe de f_{t_0}.

Observons que, si μ est la loi de X :

$$\int_{-\infty}^{a_1} f_{t_0}(x)\mu(dx) > 0 \tag{1.47}$$

et, d'après (1.45) :

$$\int_{-\infty}^{\infty} f_{t_0}(x)\mu(dx) = 0. \tag{1.48}$$

Il résulte de (1.47) et (1.48) que :

$$\mathbb{E}\left[1_{\{X>a_1\}}\left(Xe^{t_0 X} - \alpha'(t_0)\right)\right] = \int_{a_1}^{\infty} f_{t_0}(x)\mu(dx) < 0 \quad (\text{puisque supp } \mu = \mathbb{R}).$$

En prenant $\psi'\left(e^{tx} - \alpha(t)\right) = 1_{[a_1,\infty[}(x)$ dans (1.46), nous en déduisons que $(C_t := e^{tX} - \alpha(t), t \geq 0)$ n'est pas un peacock. □

Notons que si α est croissante et $\left(\frac{e^{tX}}{\alpha(t)}, t \geq 0\right)$ est un peacock, alors, d'après le Corollaire 1.36, $(C_t := e^{tX} - \alpha(t), t \geq 0)$ est un peacock. Ceci fournit une autre preuve du Point **i)** ci-dessus.

1.3.3 Peacocks obtenus par centrage

Nous énonçons et prouvons le :

Théorème 1.39. *Soit $(X_t, t \geq 0)$ un processus continu à droite et conditionnellement monotone. Soit $q : \mathbb{R}_+ \times \mathbb{R} \to \mathbb{R}_+$ une fonction positive et continue telle que : pour tout $s \geq 0$, $q_s : x \mapsto q(s, x)$ est croissante et $\mathbb{E}[q(s, X_s)] > 0$. Soit $\theta : \mathbb{R}_+ \to \mathbb{R}_+$ une fonction positive, convexe croissante, de classe $\mathcal{C}^1$, satisfaisant :*

$$\forall t \geq 0, \quad \mathbb{E}\left[\theta\left(\int_0^t q(s, X_s)ds\right)\right] < \infty \tag{1.49}$$

et

$$\forall a > 0, \quad \mathbb{E}\left[\sup_{0<t\leq a} q(t, X_t)\theta'\left(\int_0^t q(s, X_s)ds\right)\right] < \infty. \tag{1.50}$$

On pose $h(t) := \mathbb{E}\left[\theta\left(\int_0^t q(s, X_s)ds\right)\right]$. Alors :

$$\left(C_t := \theta\left(\int_0^t q(s, X_s)ds\right) - h(t), t \geq 0\right) \text{ est un peacock.}$$

Pour prouver ce résultat nous aurons recours à une conséquence immédiate de la propriété de monotonie conditionnelle (voir Définition 1.6) :

Lemme 1.40. *Soit $(X_t, t \geq 0)$ un processus continu à droite qui est conditionnellement monotone, et soit $q : \mathbb{R}_+ \times \mathbb{R} \to \mathbb{R}$ une fonction continue telle que : pour tout $s \geq 0$, $q_s : x \mapsto q(s, x)$ est croissante. Alors, pour toute fonction croissante et bornée ϕ, toute mesure de Radon positive ν sur $\mathbb{R}_+$ et tout $t > 0$:*

$$\mathbb{E}\left[\phi\left(\int_0^t q(s, X_s)\,\nu(ds)\right)\middle| X_t\right] = \phi_t(X_t), \tag{1.51}$$

où ϕ_t est une fonction croissante.

Démonstration du Théorème 1.39.
Pour toute fonction convexe $\psi \in \mathbf{C}$, nous avons :

$$\begin{aligned}
\frac{d}{dt}\mathbb{E}[\psi(C_t)] &= \mathbb{E}\left[\psi'(C_t)\left(q(t, X_t)\theta'\left(\int_0^t q(s, X_s)ds\right) - h'(t)\right)\right] \\
&= \mathbb{E}\left[\psi'(C_t)q(t, X_t)\left(\theta'\left(\int_0^t q(s, X_s)ds\right) - \frac{h'(t)}{\mathbb{E}[q(t, X_t)]}\right)\right] \\
&\quad + \mathbb{E}\left[\psi'(C_t)h'(t)\left(\frac{q(t, X_t)}{\mathbb{E}[q(t, X_t)]} - 1\right)\right] \\
&:= K_1(t) + K_2(t).
\end{aligned}$$

Montrons que $K_1(t) \geq 0$.
Nous notons que, pour tout $t \geq 0$:

$$\mathbb{E}\left[q(t, X_t)\left(\theta'\left(\int_0^t q(s, X_s)ds\right) - \frac{h'(t)}{\mathbb{E}[q(t, X_t)]}\right)\right] = 0, \tag{1.52}$$

puisque

$$\mathbb{E}\left[q(t,X_t)\theta'\left(\int_0^t q(s,X_s)ds\right)\right] = h'(t).$$

Comme θ' est croissante, alors, d'après le Lemme 1.5, nous avons :

$$\begin{aligned} K_1(t) &= \mathbb{E}\left[\psi'(C_t)q(t,X_t)\left(\theta'\left(\int_0^t q(s,X_s)ds\right) - \frac{h'(t)}{\mathbb{E}[q(t,X_t)]}\right)\right] \\ &\geq \psi'\left(\theta\circ\theta'^{-1}\left(\frac{h'(t)}{\mathbb{E}[q(t,X_t)]}\right) - h(t)\right) \times \\ &\quad \mathbb{E}\left[q(t,X_t)\left(\theta'\left(\int_0^t q(s,X_s)ds\right) - \frac{h'(t)}{\mathbb{E}[q(t,X_t)]}\right)\right] = 0, \end{aligned}$$

où θ'^{-1} est l'inverse continu à droite de la fonction θ'.
Montrons que $K_2(t) \geq 0$.
Nous avons :

$$\begin{aligned} K_2(t) &= h'(t)\mathbb{E}\left[\psi'(C_t)\left(\frac{q(t,X_t)}{\mathbb{E}[q(t,X_t)]} - 1\right)\right] \\ &= h'(t)\mathbb{E}\left[\mathbb{E}[\psi'(C_t)|X_t]\left(\frac{q(t,X_t)}{\mathbb{E}[q(t,X_t)]} - 1\right)\right]. \end{aligned}$$

Mais, d'après le Lemme 1.40,

$$\mathbb{E}[\psi'(C_t)|X_t] = \mathbb{E}\left[\psi'\left(\theta\left(\int_0^t q(s,X_s)ds\right) - h(t)\right)\middle| X_t\right] = \varphi_t(X_t),$$

où φ_t est une fonction croissante. En utilisant le fait que $q_t : x \longmapsto q(t,x)$ est croissante et en notant q_t^{-1} son inverse continu à droite, nous déduisons du Lemme 1.5 que :

$$\begin{aligned} K_2(t) &= h'(t)\mathbb{E}\left[\varphi_t(X_t)\left(\frac{q(t,X_t)}{\mathbb{E}[q(t,X_t)]} - 1\right)\right] \\ &\geq h'(t)\varphi_t\circ q_t^{-1}(\mathbb{E}[q(t,X_t)])\mathbb{E}\left[\frac{q(t,X_t)}{\mathbb{E}[q(t,X_t)]} - 1\right] = 0, \end{aligned}$$

ce qui achève la démonstration. □

Exemple 1.41. Supposons que $(X_t, t \geq 0)$ et $q : \mathbb{R} \times \mathbb{R}_+ \to \mathbb{R}_+$ satisfont les conditions du Théorème 1.39. En prenant successivement $\theta(x) = x$ et $\theta(x) = e^x$, nous obtenons :

$$\left(\int_0^t q(s,X_s)ds - \mathbb{E}\left[\int_0^t q(s,X_s)ds\right], t \geq 0\right) \text{ est un peacock}$$

et

$$\left(\exp\left(\int_0^t q(s,X_s)ds\right) - \mathbb{E}\left[\exp\left(\int_0^t q(s,X_s)ds\right)\right], t \geq 0\right) \text{ est un peacock.}$$

Remarque 1.42. *En vertu du Théorème 1.39, une question naturelle est :*

$$\left(N_t := \frac{1}{\mathbb{E}\left[\theta\left(\int_0^t q(s,X_s)\,ds\right)\right]}\theta\left(\int_0^t q(s,X_s)\,ds\right), t \geq 0\right) \text{ est-il un peacock ?}$$

Nous ne répondons à cette question que pour $\theta(x) = x$ et pour $\theta(x) = e^x$. Dans la sous-section 1.3.4, nous traitons le cas $\theta(x) = x$ lorsque $(X_t, t \geq 0)$ est une diffusion satisfaisant la propriété de monotonie conditionnelle. Le cas $\theta(x) = e^x$ fait l'objet du Chapitre 3.

1.3.4 Peacocks obtenus par normalisation d'une fonctionnelle additive brownienne

Considérons $\sigma : \mathbb{R}_+ \times \mathbb{R} \to \mathbb{R}$ et $b : \mathbb{R}_+ \times \mathbb{R} \to \mathbb{R}$ deux fonctions mesurables telles que $\sigma_s := \sigma(s,x)$ et $b_s(x) := b(s,x)$ sont lipschitziennes en x, uniformément sur les compacts en s, et $(X_t, t \geq 0)$ un processus à valeurs dans un intervalle $I \subset \mathbb{R}$, solution de l'EDS :

$$Y_t = x_0 + \int_0^t \sigma(s, Y_s)dB_s + \int_0^t b(s, Y_s)ds, \tag{1.53}$$

où $x_0 \in I$ et où $(B_s, s \geq 0)$ est un mouvement brownien standard issu de 0. Soit $\mathcal{A}_s$ l'opérateur espace-temps défini par :

$$\mathcal{A}_s := \frac{\partial}{\partial s} + \frac{1}{2}\sigma^2(s,x)\frac{\partial^2}{\partial x^2} + b(s,x)\frac{\partial}{\partial x}. \tag{1.54}$$

Nous prouvons le résultat suivant :

Théorème 1.43. *Soit $(X_t, t \geq 0)$ un processus à valeurs dans I, solution de (1.53) et conditionnellement monotone (cf. Remarque 1.44). Soit $q : \mathbb{R}_+ \times I \to \mathbb{R}_+$ une fonction strictement positive de classe $\mathcal{C}^2$ telle que :*

1) pour tout $s \geq 0$, les fonctions $q_s : x \in I \mapsto q(s,x)$ et

$$f_s : x \in I \mapsto \frac{\mathcal{A}_s q(s,x)}{q(s,x)} \tag{1.55}$$

sont croissantes.

2) $\left(Z_t := q(t, X_t) - q(0, x_0) - \int_0^t \mathcal{A}_s q(s, X_s)ds, t \geq 0\right)$ *est une martingale.*

Alors, pour toute mesure de Radon positive ν sur $\mathbb{R}_+$:

$$\left(N_t := \frac{\displaystyle\int_0^t q(s,X_s)\nu(ds)}{\mathbb{E}\left[\displaystyle\int_0^t q(s,X_s)\nu(ds)\right]}, t \geq 0\right) \text{ est un peacock.}$$

Remarque 1.44. *Comme nous l'avons montré dans la sous-section 1.2.2, il existe de nombreux exemples de diffusions qui possèdent la propriété de monotonie conditionnelle, celle-ci étant liée au caractère "bien-réversible" de ces processus.*

Démonstration du Théorème 1.43.
Posons :

$$\Gamma_u := \frac{1}{\mathbb{E}[q(u, X_u)]}, \text{ pour tout } u \geq 0. \tag{1.56}$$

En appliquant la formule d'Itô, on a :

$$\begin{aligned}\Gamma_u q(u, X_u) &= 1 + \int_0^u \Gamma_v dZ_v + \int_0^u \left(\Gamma'_v q(v, X_v) + \Gamma_v \mathcal{A}_v q(v, X_v)\right) dv \\ &:= M_u + H_u,\end{aligned}$$

où

$$\left(M_u := 1 + \int_0^u \Gamma_v dZ_v, u \geq 0\right) \text{ est une martingale} \tag{1.57}$$

et

$$\left(H_u := \int_0^u \left(\Gamma'_v q(v, X_v) + \Gamma_v \mathcal{A}_v q(v, X_v)\right) dv, u \geq 0\right) \text{ est centré,} \tag{1.58}$$

car $\mathbb{E}[\Gamma_u q(u, X_u)] = 1$ et $\frac{d}{du}\mathbb{E}[q(u, X_u)] = \mathbb{E}[\mathcal{A}_u q(u, X_u)]$.
En posant,

$$h(t) := \int_0^t \frac{1}{\Gamma_u} \nu(du) = \mathbb{E}\left[\int_0^t q(u, X_u)\nu(du)\right], \tag{1.59}$$

il vient :

$$\begin{aligned}N_t = \frac{1}{h(t)} \int_0^t q(u, X_u)\nu(du) &= \frac{1}{h(t)} \int_0^t \Gamma_u q(u, X_u) \frac{1}{\Gamma_u} \nu(du) \\ &= \frac{1}{h(t)} \int_0^t (M_u + H_u) dh(u).\end{aligned}$$

Grâce à une intégration par parties, nous obtenons :

$$dN_t = \frac{dh(t)}{h^2(t)} \left(M_t^{(h)} + H_t^{(h)}\right), \tag{1.60}$$

avec

$$M_t^{(h)} = \int_0^t h(u) dM_u \text{ et } H_t^{(h)} = \int_0^t h(s) dH_s.$$

Ainsi, pour tous $\psi \in \mathbf{C}$ et tout $0 \leq s < t$, nous avons :

$$\begin{aligned}\mathbb{E}[\psi(N_t)] - \mathbb{E}[\psi(N_s)] &= \mathbb{E}\left[\int_s^t \psi'(N_u) dN_u\right] \\ &= \mathbb{E}\left[\int_s^t \psi'(N_u) \left(M_u^{(h)} + H_u^{(h)}\right) \frac{dh(u)}{h^2(u)}\right] \\ &= \int_s^t \frac{dh(u)}{h^2(u)} \mathbb{E}\left[\int_0^u \psi''(N_v) \left(M_v^{(h)} + H_v^{(h)}\right)^2 \frac{dh(v)}{h^2(v)}\right] + \\ &\int_s^t \frac{dh(u)}{h^2(u)} \mathbb{E}\left[\int_0^u \psi'(N_v) \left(dM_v^{(h)} + dH_v^{(h)}\right)\right].\end{aligned}$$

Il reste à voir que, pour tout $u > 0$:

$$\mathbb{E}\left[\int_0^u \psi'(N_v)dH_v^{(h)}\right] = \mathbb{E}\left[\int_0^u \psi'(N_v)h(v)\left(\Gamma_v\mathcal{A}_v q(v,X_v) + \Gamma_v' q(v,X_v)\right)dv\right] \geq 0. \tag{1.61}$$

Mais, pour tout $0 \leq v \leq u$,

$$\begin{aligned}
K(v) &:= \mathbb{E}\left[\psi'(N_v)h(v)\left(\Gamma_v\mathcal{A}_v q(v,X_v) + \Gamma_v' q(v,X_v)\right)\right] \\
&= h(v)\Gamma_v\,\mathbb{E}\left[\psi'(N_v)q(v,X_v)\left(f_v(X_v) + \frac{\Gamma_v'}{\Gamma_v}\right)\right] \quad \text{(où } f_v \text{ est définie par (1.55))} \\
&= h(v)\Gamma_v\,\mathbb{E}\left[\mathbb{E}[\psi'(N_v)|X_v]q(v,X_v)\left(f_v(X_v) + \frac{\Gamma_v'}{\Gamma_v}\right)\right]
\end{aligned}$$

et, d'après le Lemme 1.40,

$$\mathbb{E}[\psi'(N_v)|X_v] = \mathbb{E}\left[\psi'\left(\frac{1}{h(v)}\int_0^v q(u,X_u)\nu(du)\right)\middle| X_v\right] = \varphi_v(X_v), \tag{1.62}$$

où φ_v est une fonction croissante. Nous savons en outre que :

$$\mathbb{E}\left[q(v,X_v)\left(f_v(X_v) + \frac{\Gamma_v'}{\Gamma_v}\right)\right] = 0, \tag{1.63}$$

puisque $\mathbb{E}[\Gamma_v q(v,X_v)] = 1$.
Donc, en utilisant (1.62), (1.63) et le Lemme 1.5, on obtient :

$$\begin{aligned}
K(v) &= \Gamma_v h(v)\mathbb{E}\left[\psi'(N_v)q(v,X_v)\left(f_v(X_v) + \frac{\Gamma_v'}{\Gamma_v}\right)\right] \\
&\geq h(v)\Gamma_v\varphi_v\left(f_v^{-1}\left[-\frac{\Gamma_v'}{\Gamma_v}\right]\right)\mathbb{E}\left[q(v,X_v)\left(f_v(X_v) + \frac{\Gamma_v'}{\Gamma_v}\right)\right] = 0.
\end{aligned}$$

□

Commentaires

Les sections 1.2 et 1.3 sont respectivement extraites de [BPR12a] et de [BPR12b]. Mentionnons que le lemme 1.5 et la Proposition 1.35 nous ont été suggérés par Francis Hirsch.

Chapitre 2

Peacocks forts et très forts, peacocks obtenus par un quotient

2.1 Peacocks forts et très forts

2.1.1 Peacocks forts

Définition 2.1. *Un processus intégrable $(X_t, t \geq 0)$ est un peacock fort si, pour tous $0 \leq s < t$ et toute fonction borélienne bornée croissante $\phi : \mathbb{R} \to \mathbb{R}$:*

$$\mathbb{E}[\phi(X_s)(X_t - X_s)] \geq 0. \tag{SP}$$

Remarque 2.2.

1) La donnée des marginales unidimensionnelles suffit à définir un peacock tandis que la définition d'un peacock fort fait intervenir les marginales bidimensionnelles.

2) Tout peacock fort est un peacock. En effet, si $\psi \in \mathbf{C}$,

$$\mathbb{E}[\psi(X_t)] - \mathbb{E}[\psi(X_s)] \geq \mathbb{E}[\psi'(X_s)(X_t - X_s)] \geq 0.$$

3) Si (X_t) est un peacock fort tel que $\mathbb{E}[X_t^2] < \infty$ pour tout $t \geq 0$, alors :

$$\mathbb{E}[X_s(X_t - X_s)] \geq 0, \text{ pour tout } 0 \leq s < t. \tag{2.1}$$

4) Si X et Y sont deux processus ayant les mêmes marginales unidimensionnelles, alors il est possible que X soit un peacock fort et que Y ne le soit pas. Considérons par exemple $(X_t := t^{\frac{1}{4}} B_1, t \geq 0)$ et $\left(Y_t := \dfrac{B_t}{t^{\frac{1}{4}}}, t \geq 0\right)$, où $(B_t, t \geq 0)$ est un mouvement brownien issu de 0. On montre, grâce au Lemme 1.34, que $(X_t, t \geq 0)$ est un peacock fort ; par contre, $(Y_t, t \geq 0)$ n'en est pas un puisque, pour tous $a \in \mathbb{R}$ et $0 < s \leq t$:

$$\mathbb{E}\left[1_{\left\{\frac{B_s}{s^{\frac{1}{4}}} > a\right\}}\left(\frac{B_t}{t^{\frac{1}{4}}} - \frac{B_s}{s^{\frac{1}{4}}}\right)\right] = \left(\frac{1}{t^{\frac{1}{4}}} - \frac{1}{s^{\frac{1}{4}}}\right)\mathbb{E}\left[1_{\left\{B_s > as^{\frac{1}{4}}\right\}} B_s\right] < 0,$$

$$\left(\text{car } \frac{1}{t^{\frac{1}{4}}} < \frac{1}{s^{\frac{1}{4}}} \text{ et } \mathbb{E}\left[1_{\left\{B_s > as^{\frac{1}{4}}\right\}} B_s\right] > 0 \text{ d'après le Lemme 1.34}\right).$$

Plus généralement, pour toute martingale non nulle $(M_t, t \geq 0)$ et toute fonction borélienne strictement croissante $\alpha : \mathbb{R}_+ \to \mathbb{R}_+$, $\left(\frac{M_t}{\alpha(t)}, t \geq 0\right)$ n'est pas un peacock fort.

5) Le Corollaire 1.36 reste vrai si on remplace "peacock" par "peacock fort".

Exemple 2.3. Donnons quelques exemples de peacocks forts.

a) Toute martingale est un peacock fort : En effet, si $(M_t, t \geq 0)$ est une martingale par rapport à une filtration $(\mathcal{F}_t, t \geq 0)$, alors, pour toute fonction borélienne bornée $\phi : \mathbb{R} \to \mathbb{R}$:
$$\mathbb{E}[\phi(M_s)(M_t - M_s)] = \mathbb{E}[\phi(M_s)(\mathbb{E}[M_t|\mathcal{F}_s] - M_s)] = 0.$$

b) Si $(M_u, u \geq 0)$ est une martingale appartenant à H^1_{loc} et si $\alpha : \mathbb{R}_+ \to \mathbb{R}_+$ est une fonction borélienne strictement croissante telle que $\alpha(0) = 0$, alors
$$\left(Q_t := \frac{1}{\alpha(t)} \int_0^t M_u d\alpha(u), t \geq 0\right)$$
est un peacock fort (voir [HPRY11], Chapitre 1).

c) Pour toute v.a. intégrable et centrée X, le processus $(C_t := tX, t \geq 0)$ est un peacock fort.

d) Si X est une v.a. telle que $\mathbb{E}[e^{tX}] < \infty$ pour tout $t \geq 0$, alors
$$\left(N_t := \frac{e^{tX}}{\mathbb{E}[e^{tX}]}, t \geq 0\right)$$
est un peacock fort (voir [HPRY11], Chapitre 1).

Dans le cadre des processus gaussiens, nous obtenons une caractérisation des peacocks forts qui repose sur le comportement de la fonction de covariance. En effet :

Proposition 2.4. *Un processus gaussien centré $(X_t, t \geq 0)$ est un peacock fort si et seulement si, pour tous $0 \leq s < t$:*
$$\mathbb{E}[X_t X_s] \geq \mathbb{E}[X_s^2]. \tag{2.2}$$

Notons qu'un processus gaussien centré $(X_t, t \geq 0)$ est un peacock si et seulement si
$$t \mapsto \mathbb{E}[X_t^2] \text{ est une fonction croissante} \tag{2.3}$$
et que (2.2) implique (2.3) ; en effet, si (2.2) est vérifiée, alors, pour tous $0 \leq s < t$:
$$\mathbb{E}[X_s^2] \leq \mathbb{E}[X_s X_t] \leq \mathbb{E}[X_s^2]^{\frac{1}{2}} \mathbb{E}[X_t^2]^{\frac{1}{2}}, \text{ (d'après l'inégalité de Cauchy-Schwartz)}$$
ce qui entraîne (2.3).

Démonstration.
1) Soit $(X_t, t \geq 0)$ un peacock fort gaussien centré. En prenant $\phi(x) = x$ dans (SP), nous avons :
$$\mathbb{E}[X_s(X_t - X_s)] \geq 0 \text{ pour tout } 0 < s \leq t,$$

i.e.

$$K(s,t) \geq K(s,s) \text{ pour tout } 0 < s \leq t.$$

2) Réciproquement, si (2.2) est vérifiée, alors, pour tous $0 < s \leq t$ et toute fonction borélienne bornée croissante $\phi : \mathbb{R} \to \mathbb{R}$:

$$\begin{aligned}\mathbb{E}[\phi(X_s)(X_t - X_s)] &= \mathbb{E}[\phi(X_s)(\mathbb{E}[X_t|X_s] - X_s)] \\ &= \left(\frac{K(s,t)}{K(s,s)} - 1\right)\mathbb{E}[\phi(X_s)X_s] \geq 0,\end{aligned}$$

d'après le Lemme 1.34. □

Exemple 2.5.

a) Le processus d'Ornstein-Uhlenbeck de paramètre $c \in \mathbb{R}$, i.e. l'unique solution forte de :

$$X_t = B_t + c\int_0^t X_u du,$$

où $(B_t, t \geq 0)$ est un mouvement brownien issu de 0, est un peacock pour tout c et un peacock fort pour $c \geq 0$. En effet, pour tout $t \geq 0$,

$$X_t = e^{ct}\int_0^t e^{-cs} dB_s$$

et pour tous $0 < s \leq t$, puisque

$$\mathbb{E}[X_s X_t] = \frac{\sinh(cs)}{c} e^{ct},$$

nous avons :

$$\mathbb{E}[X_s X_t] - \mathbb{E}[X_s^2] = \frac{\sinh(cs)}{c}[e^{ct} - e^{cs}].$$

Donc,

$$\mathbb{E}[X_s X_t] - \mathbb{E}[X_s^2] \geq 0 \text{ si, et seulement si } c \geq 0.$$

b) Le mouvement brownien fractionnaire d'index $H \in [0,1]$, dont la fonction de covariance est :

$$K(s,t) = \frac{1}{2}\left(t^{2H} + s^{2H} - (t-s)^{2H}\right),$$

est un peacock pour tout H et un peacock fort pour $H \geq \frac{1}{2}$. Ceci résulte du fait que K satisfait :

$$\left(\forall 0 < s \leq t,\ K(s,t) - K(s,s) = \frac{1}{2}\left(t^{2H} - s^{2H} - (t-s)^{2H}\right) \geq 0\right) \Leftrightarrow H \geq \frac{1}{2}.$$

2.1.2 Peacocks très forts

Définition 2.6. *Un processus intégrable $(X_t, t \geq 0)$ est appelé peacock très fort si, pour tout $n \in \mathbb{N}^*$, tout $0 \leq t_1 < \cdots < t_n < t_{n+1}$ et tout $\phi \in \mathcal{I}_n$, nous avons :*

$$\mathbb{E}[\phi(X_{t_1}, \cdots, X_{t_n})(X_{t_{n+1}} - X_{t_n})] \geq 0. \qquad \text{(VSP)}$$

Remarque 2.7.

1) Pour définir un peacock fort, nous n'avons utilisé que les marginales bidimensionnelles. Mais, pour définir un peacock très fort, nous faisons intervenir toutes les marginales fini-dimensionnelles.

2) Une martingale est un peacock très fort.

3) Tout peacock très fort est un peacock fort. Mais, la réciproque est fausse. Nous donnons deux exemples :

a) Soient G_1 et G_2 deux v.a. gaussiennes indépendantes et centrées telles que : $\mathbb{E}[G_1^2] = \mathbb{E}[G_2^2] = 1$. Soient α et β deux constantes qui vérifient $1 + 2\alpha^2 \leq \beta$. On considère le vecteur gaussien défini par :

$$X_1 = G_1 - \alpha G_2, \;\; X_2 = \beta G_1, \;\; X_3 = \beta G_1 + \alpha G_2.$$

Alors, (X_1, X_2, X_3) est un peacock fort (d'après la Proposition 2.4) qui ne vérifie pas (VSP), puisque :

$$\mathbb{E}[X_1(X_3 - X_2)] = -\alpha^2 \mathbb{E}[G_1^2] < 0.$$

b) De même, si G_1 et G_2 sont deux v.a. aléatoires symétriques, identiquement distribuées et indépendantes telles que $\mathbb{E}[G_i^2] = 1$ $(i = 1, 2)$, alors, pour tout $\beta \geq 3$, le vecteur (X_1, X_2, X_3) défini par :

$$X_1 = G_1 - G_2, \;\; X_2 = \beta G_1, \;\; X_3 = \beta G_1 + G_2.$$

est un peacock fort pour lequel la condition (VSP) n'est pas vérifiée.
Démonstration du Point b).
Comme G_1 et G_2 sont indépendantes et centrées, nous avons :

$$\mathbb{E}\left[1_{\{X_2 \geq a\}}(X_3 - X_2)\right] = \mathbb{E}\left[1_{\{\beta G_1 \geq a\}} G_2\right] = 0.$$

En outre,

$$\begin{aligned}
\mathbb{E}\left[1_{\{X_1 \geq a\}}(X_2 - X_1)\right] &= \mathbb{E}\left[1_{\{G_1 - G_2 \geq a\}}((\beta - 1)G_1 + G_2)\right] \\
&= (\beta - 1)\mathbb{E}\left[1_{\{G_1 - G_2 \geq a\}} G_1\right] + \mathbb{E}\left[1_{\{G_1 - G_2 \geq a\}} G_2\right] \\
&= \underbrace{(\beta - 1)\mathbb{E}\left[1_{\{G_2 - G_1 \geq a\}} G_2\right]}_{\textit{(en permutant } G_1 \textit{ et } G_2)} + \mathbb{E}\left[1_{\{G_1 - G_2 \geq a\}} G_2\right] \\
&= \underbrace{(\beta - 2)\mathbb{E}\left[1_{\{G_2 - G_1 \geq a\}} G_2\right]}_{(\geq 0 \textit{ d'après le Lemme 1.34, puisque } \beta > 2)} + \mathbb{E}\left[1_{\{|G_1 - G_2| \geq a\}} G_2\right] \\
&\geq \mathbb{E}\left[1_{\{|G_1 - G_2| \geq a\}} G_2\right] = 0, \;\; \textit{(car } G_1 \textit{ et } G_2 \textit{ sont symétriques)}
\end{aligned}$$

et de façon similaire,

$$\begin{aligned}
&\mathbb{E}\left[1_{\{X_1\geq a\}}(X_3-X_1)\right]=\mathbb{E}\left[1_{\{G_1-G_2\geq a\}}((\beta-1)G_1+2G_2)\right]\\
&=(\beta-1)\mathbb{E}\left[1_{\{G_1-G_2\geq a\}}G_1\right]+2\mathbb{E}\left[1_{\{G_1-G_2\geq a\}}G_2\right]\\
&=(\beta-1)\mathbb{E}\left[1_{\{G_2-G_1\geq a\}}G_2\right]+2\mathbb{E}\left[1_{\{G_1-G_2\geq a\}}G_2\right]\\
&=\underbrace{(\beta-3)\mathbb{E}\left[1_{\{G_2-G_1\geq a\}}G_2\right]}_{(\geq 0 \text{ en appliquant le Lemme 1.34, puisque } \beta\geq 3)}+2\mathbb{E}\left[1_{\{|G_1-G_2|\geq a\}}G_2\right]\\
&\geq 2\mathbb{E}\left[1_{\{|G_1-G_2|\geq a\}}G_2\right]=0.
\end{aligned}$$

Donc, (X_1, X_2, X_3) est un peacock fort. Mais, (X_1, X_2, X_3) n'est pas un peacock très fort comme le montre l'inégalité ci-dessous :

$$\mathbb{E}[X_1(X_3-X_2)]=-\mathbb{E}\left[G_1^2\right]<0.$$

□

Nous donnons quelques exemples de peacocks très forts.

Exemple 2.8.

1) Tous les peacocks forts de l'Exemple 2.3 satisfont (VSP).

2) Soit $(\tau_t, t\geq 0)$ un processus croissant dont les accroissements sont indépendants (et pas nécessairement stationnaires). Soit $f:\mathbb{R}\to\mathbb{R}$ une fonction convexe et croissante (resp. concave et décroissante) telle que $\mathbb{E}[|f(\tau_t)|]<\infty$, pour tout $t\geq 0$. Alors :

$$(C_t := f(\tau_t)-\mathbb{E}[f(\tau_t)], t\geq 0) \text{ est un peacock très fort.}$$

Démonstration du Point 2).
Soit $f:\mathbb{R}\to\mathbb{R}$ une fonction convexe et croissante. Soient $n\geq 1$, $0\leq t_1<t_2<\cdots<t_n<t_{n+1}$ et $\phi\in\mathcal{I}_n$. Notons d'abord que :

$$\widetilde{\phi}:(x_1,\dots,x_n)\longmapsto\phi(f(x_1)-\mathbb{E}[f(\tau_{t_1})],\dots,f(x_n)-\mathbb{E}[f(\tau_{t_n})]) \text{ appartient à } \mathcal{I}_n \quad (2.4)$$

et, qu'en posant $c_n:=\mathbb{E}[f(\tau_{t_{n+1}})]-\mathbb{E}[f(\tau_{t_n})]$, nous avons :

$$\mathbb{E}\left[\phi(C_{t_1},\dots,C_{t_n})(C_{t_{n+1}}-C_{t_n})\right]=\mathbb{E}\left[\widetilde{\phi}(\tau_{t_1},\dots,\tau_{t_n})(f(\tau_{t_{n+1}})-f(\tau_{t_n})-c_n)\right]. \quad (2.5)$$

Montrons alors par récurrence qu'il existe, pour tout $i\in[\![1,n]\!]$, une fonction φ_i de $\mathcal{I}_i$ telle que :

$$\mathbb{E}\left[\phi(C_{t_1},\dots,C_{t_n})(C_{t_{n+1}}-C_{t_n})\right]\geq\mathbb{E}\left[\varphi_i(\tau_{t_1},\dots,\tau_{t_i})(f(\tau_{t_{n+1}})-f(\tau_{t_n})-c_n)\right]. \quad (2.6)$$

Observons que pour $i=n$, on peut choisir $\varphi_n=\widetilde{\phi}$. Supposons donc que (2.6) est vérifié pour un indice $i\in[\![1,n]\!]$. Alors, comme τ_{t_i} est indépendant de $\tau_{t_{n+1}}-\tau_{t_i}$ et de $\tau_{t_n}-\tau_{t_i}$, on a :

$$\begin{aligned}
&\mathbb{E}\left[\phi(C_{t_1},\ldots,C_{t_n})(C_{t_{n+1}}-C_{t_n})\right]\\
&\geq \mathbb{E}\left[\varphi_i(\tau_{t_1},\ldots,\tau_{t_i})(f(\tau_{t_{n+1}})-f(\tau_{t_n})-c_n)\right] \quad \text{(par récurrence)}\\
&= \mathbb{E}\left[\varphi_i(\tau_{t_1},\ldots,\tau_{t_i})\left(f(\tau_{t_i}+\tau_{t_{n+1}}-\tau_{t_i})-f(\tau_{t_i}+\tau_{t_n}-\tau_{t_i})-c_n\right)\right]\\
&= \mathbb{E}\left[\varphi_i(\tau_{t_1},\ldots,\tau_{t_i})\left(\mathbb{E}[f(\tau_{t_i}+\tau_{t_{n+1}}-\tau_{t_i})|\mathcal{F}_{t_i}]-\mathbb{E}[f(\tau_{t_i}+\tau_{t_n}-\tau_{t_i})|\mathcal{F}_{t_i}]-c_n\right)\right]\\
&\quad \text{(où } \mathcal{F}_{t_i}:=\sigma(\tau_s,0\leq s\leq t_i))\\
&= \mathbb{E}\left[\varphi_i(\tau_{t_1},\ldots,\tau_{t_i})\widehat{f_i}(\tau_{t_i})\right],\\
&\quad \text{(où } \widehat{f_i}(x)=\mathbb{E}[f(x+\tau_{t_{n+1}}-\tau_{t_i})]-\mathbb{E}[f(x+\tau_{t_n}-\tau_{t_i})]-c_n).
\end{aligned}$$

Mais, la fonction $\widehat{f_i}$ est croissante puisque f est convexe et $\tau_{t_{n+1}} \geq \tau_{t_n}$. Par conséquent,

$$\begin{aligned}
&\mathbb{E}\left[\phi(C_{t_1},\ldots,C_{t_n})(C_{t_{n+1}}-C_{t_n})\right] \geq \mathbb{E}\left[\varphi_i\left(\tau_{t_1},\ldots,\tau_{t_{i-1}},\tau_{t_i}\right)\widehat{f_i}\left(\tau_{t_i}\right)\right] \quad \text{(d'après le Lemme 1.5)}\\
&\geq \mathbb{E}\left[\varphi_i\left(\tau_{t_1},\ldots,\tau_{t_{i-1}},\widehat{f_i}^{-1}(0)\right)\widehat{f_i}\left(\tau_{t_i}\right)\right]\\
&= \mathbb{E}\left[\varphi_i\left(\tau_{t_1},\ldots,\tau_{t_{i-1}},\widehat{f_i}^{-1}(0)\right)\left(f(\tau_{t_{n+1}})-f(\tau_{t_n})-c_n\right)\right],
\end{aligned}$$

i.e. (2.6) est également vérifié pour $i-1$ avec

$$\varphi_{i-1}:(x_1,\ldots,x_{i-1})\longmapsto\varphi_i\left(x_1,\ldots,x_{i-1},\widehat{f_i}^{-1}(0)\right).$$

Donc, (2.6) est satisfaite pour tout $i \in [\![1,n]\!]$. En particulier, pour $i=1$, il existe $\varphi_1 \in \mathcal{I}_1$ tel que :

$$\begin{aligned}
\mathbb{E}\left[\phi(C_{t_1},\ldots,C_{t_n})(C_{t_{n+1}}-C_{t_n})\right] &\geq \mathbb{E}\left[\varphi_1\left(\tau_{t_1}\right)\widehat{f_1}\left(\tau_{t_1}\right)\right]\\
&\geq \varphi_1\left(\widehat{f_1}^{-1}(0)\right)\mathbb{E}\left[\widehat{f_1}\left(\tau_{t_1}\right)\right]\\
&= \varphi_1\left(\widehat{f_1}^{-1}(0)\right)\mathbb{E}\left[f(\tau_{t_{n+1}})-f(\tau_{t_n})-c_n\right]=0. \quad \square
\end{aligned}$$

Exemple 2.9. (Diffusions "bien-réversibles")
Soit $(Z_t, t \geq 0)$ une diffusion "bien réversible" satisfaisant (1.13), telle que $b_s : y \mapsto b(s,y)$ soit une fonction croissante pour tout $s \geq 0$. Alors :

$$(C_t := Z_t - \mathbb{E}[Z_t], t \geq 0) \text{ est un peacock très fort.}$$

En effet, avec $h(t) := \mathbb{E}[Z_t]$, $0 < t_1 < \cdots < t_{n+1}$ ($n \in \mathbb{N}^*$) et $\phi \in \mathcal{I}_n$, et à l'aide du retournement du temps à l'instant t_{n+1}, nous obtenons :

$$\begin{aligned}
&\mathbb{E}[\phi(C_{t_1},\cdots,C_{t_n})(C_{t_{n+1}}-C_{t_n})]\\
=&\mathbb{E}\left[\phi\left(\overline{C}^{(t_{n+1})}_{t_{n+1}-t_1},\ldots,\overline{C}^{(t_{n+1})}_{t_{n+1}-t_n}\right)\left(\overline{C}^{(t_{n+1})}_0-\overline{C}^{(t_{n+1})}_{t_{n+1}-t_n}\right)\right]\\
=&\overline{\mathbb{E}}\left[\overline{\mathbb{E}}\left[\phi\left(\overline{C}^{(t_{n+1})}_{t_{n+1}-t_1},\ldots,\overline{C}^{(t_{n+1})}_{t_{n+1}-t_n}\right)|\overline{\mathcal{F}}_{t_{n+1}-t_n}\right]\left(\overline{C}^{(t_{n+1})}_0-\overline{C}^{(t_{n+1})}_{t_{n+1}-t_n}\right)\right]\\
=&\overline{\mathbb{E}}\left[\widetilde{\phi}\left(\overline{C}^{(t_{n+1})}_{t_{n+1}-t_n}\right)\left(\overline{C}^{(t_{n+1})}_0-\overline{C}^{(t_{n+1})}_{t_{n+1}-t_n}\right)\right]\\
&\text{(où } \widetilde{\phi} \text{ est une fonction croissante)}\\
=&\mathbb{E}\left[\widetilde{\phi}(C_{t_n})(C_{t_{n+1}}-C_{t_n})\right].
\end{aligned}$$

À présent, d'après (1.13) :

$$\mathbb{E}\left[\widetilde{\phi}(Z_{t_n} - h(t_n))\left(\int_{t_n}^{t_{n+1}} \sigma(s, Z_s)dB_s + \int_{t_n}^{t_{n+1}} b(s, Z_s)ds - h(t_{n+1}) + h(t_n)\right)\right]$$
$$= \int_{t_n}^{t_{n+1}} \mathbb{E}\left[\widetilde{\phi}(Z_{t_n} - h(t_n))\,(b(s, Z_s) - h'(s))\right] ds$$
$$= \int_{t_n}^{t_{n+1}} \mathbb{E}\left[\widetilde{\phi}(Z_{t_n} - h(t_n))\,(\widetilde{b}(s, Z_{t_n}) - h'(s))\right] ds$$

où $x \longmapsto \widetilde{b}(s,x) := \mathbb{E}[b(s, Z_s)|Z_{t_n} = x]$ est une fonction croissante telle que $\mathbb{E}\left[\widetilde{b}(s, Z_{t_n})\right] = \mathbb{E}[b(s, Z_s)] = h'(s)$. En notant $\widetilde{b}_s^{-1}$ son inverse continu à droite, nous déduisons du Lemme 1.5 que :

$$\mathbb{E}\left[\widetilde{\phi}(C_{t_n})\,(C_{t_{n+1}} - C_{t_n})\right]$$
$$\geq \int_{t_n}^{t_{n+1}} \widetilde{\phi}\left(\widetilde{b}_s^{-1}(h'(s)) - h(t_n)\right) \mathbb{E}\left[\widetilde{b}(s, Z_{t_n}) - h'(s)\right] ds = 0.$$

□

2.2 Peacocks obtenus par un quotient sous l'hypothèse de peacock très fort

Soient $(W_t, t \geq 0)$ un processus intégrable et centré, i.e. $\mathbb{E}[W_t] = 0$ pour tout $t \geq 0$, et $\alpha : \mathbb{R}_+ \to \mathbb{R}_+$ une fonction borélienne (quelconque) strictement positive. Nous cherchons des conditions sur W et α pour que :

$$Q_t := \left(\frac{W_t}{\alpha(t)}, t \geq 0\right) \text{ soit un peacock.} \tag{2.7}$$

Notons qu'on pourrait ramener l'étude des processus de type $(Q_t, t \geq 0)$ à celle des processus $(C_t, t \geq 0)$ et $(N_t, t \geq 0)$ définis par (1.5) et (1.6). En effet, en prenant $V_t := Q_t$, resp $V_t := \alpha(t)(Q_t + 1)$, nous avons :

$$C_t := V_t - \mathbb{E}[V_t] = Q_t, \text{ resp. } N_t := \frac{V_t}{\mathbb{E}[V_t]} = Q_t + 1.$$

Mais, pour la plupart des processus de type $(Q_t, t \geq 0)$ que nous considérons, le lien avec la famille des processus de type $(C_t, t \geq 0)$ et $(N_t, t \geq 0)$ ne nous donne pas d'information sur la monotonie pour l'ordre convexe. Pour certains de ces processus, nous n'utiliserons plus la monotonie conditionnelle pour prouver la propriété de peacock mais plutôt la notion de peacock très fort.

Nous donnons quelques exemples et contre-exemples.

Exemple 2.10. (Une extension de (1.36)). Si $(M_s, s \geq 0)$ est une martingale de H^1_{loc} et $\alpha : \mathbb{R}_+ \to \mathbb{R}_+$ est une fonction continue croissante telle que $\alpha(0) = 0$, alors on montre dans ([HPRY11], Chapitre 1) que :

$$\left(Q_t := \frac{1}{\alpha(t)} \int_0^t (M_s - M_0)d\alpha(s), t \geq 0\right) \tag{2.8}$$

et

$$\left(C_t := \int_0^t (M_s - M_0)d\alpha(s), t \geq 0\right) \tag{2.9}$$

sont des peacocks ; c'est ce que nous généraliserons à l'aide de la propriété de "peacock très fort" en remplaçant l'hypothèse "$(M_t, t \geq 0)$ est une martingale" par la condition "$(M_t, t \geq 0)$ est un peacock très fort" (cf. Theorem 2.13).

Exemple et Contre-exemple 2.11.

1) Soient $L := (L_t, t \geq 0)$ un processus de Lévy intégrable et ν une mesure de Radon positive sur $\mathbb{R}_+^*$. Alors :

a) si L est centré, $\left(Q_t^{(\nu)} := \frac{1}{\nu(]0,t])}\int_0^t L_u \nu(du), t \geq 0\right)$ est un peacock,

b) $\left(N_t^{(\nu)} := \frac{\int_0^t L_u \nu(du)}{\int_0^t u\nu(du)}, t \geq 0\right)$ décroît pour l'ordre convexe.

Démonstration.
L'assertion a) découle de (2.8) puisque $(L_t, t \geq 0)$ est une martingale centrée. Pour prouver b), nous supposons, sans nuire à la généralité, que L est centré et que $\nu(du) = f(u)du$, où f est continue. Posons $h(t) := \int_0^t uf(u)du$. Alors, pour tout $\psi \in \mathbf{C}$, nous avons :

$$\begin{aligned}
&\frac{d}{dt}\mathbb{E}\left[\psi\left(\frac{\int_0^t L_u f(u)du}{h(t)}\right)\right] \\
&= \mathbb{E}\left[\psi'\left(\frac{\int_0^t L_u f(u)du}{h(t)}\right)\left(\frac{L_t f(t)}{h(t)} - \frac{tf(t)}{h^2(t)}\int_0^t L_u f(u)du\right)\right] \\
&\leq \frac{tf(t)}{h(t)}\mathbb{E}\left[\psi'\left(\frac{L_t}{t}\right)\left(\frac{L_t}{t} - \frac{1}{h(t)}\int_0^t L_u f(u)du\right)\right] \\
&= \frac{tf(t)}{h(t)}\mathbb{E}\left[\psi'\left(\frac{L_t}{t}\right)\left(\frac{L_t}{t} - \frac{1}{h(t)}\int_0^t \mathbb{E}\left[L_u|\mathcal{F}_t^+\right] f(u)du\right)\right] \\
&(\text{où } \mathcal{F}_t^+ = \sigma(L_u, u \geq t)).
\end{aligned}$$

En observant que $\left(\frac{L_t}{t}, t \geq 0\right)$ est une martingale inverse par rapport à la filtration $(\mathcal{F}_t^+, t \geq 0)$ (i.e., pour tout $0 < s \leq t$, $\mathbb{E}\left[\frac{L_s}{s}\middle|\mathcal{F}_t^+\right] = \frac{L_t}{t}$, voir [JP88]), nous obtenons :

$$\begin{aligned}
&\frac{d}{dt}\mathbb{E}\left[\psi\left(\frac{\int_0^t L_u f(u)du}{h(t)}\right)\right] \\
&\leq \frac{tf(t)}{h(t)}\mathbb{E}\left[\psi'\left(\frac{L_t}{t}\right)\frac{L_t}{t}\left(1 - \frac{1}{h(t)}\int_0^t uf(u)du\right)\right] = 0.
\end{aligned}$$

□

2) Dès lors, on pourrait en particulier se demander pour quelles valeurs de α $\left(\frac{1}{t^\alpha}\int_0^t L_u du, t \geq 0\right)$ est un peacock (c'est le cas pour $\alpha \leq 1$ d'après la Proposition 1.35).

i) Si $(L_s, s \geq 0)$ est un mouvement brownien issu de 0, alors, par la propriété d'échelle, $\left(\frac{1}{t^\alpha}\int_0^t L_u du, t \geq 0\right)$ est un peacock si et seulement si $\alpha \leq \frac{3}{2}$.

ii) Si $(L_s, s \geq 0)$ est un processus de Lévy symétrique et stable d'index γ $(1 < \gamma \leq 2)$, alors $\left(\frac{1}{t^\alpha}\int_0^t L_u du, t \geq 0\right)$ est un peacock si et seulement si $\alpha \leq 1 + \frac{1}{\gamma}$.

iii) Si $(L_s, s \geq 0)$ est un processus de Lévy centré et de carré intégrable, alors

$$\mathbb{E}\left[\left(\frac{1}{t^\alpha}\int_0^t L_u du\right)^2\right] = \frac{t^{3-2\alpha}}{3}\mathbb{E}\left[L_1^2\right]$$

et $\left(\frac{1}{t^\alpha}\int_0^t L_u du, t \geq 0\right)$ n'est pas un peacock pour $\alpha > \frac{3}{2}$.

Le résultat qui suit concerne deux propriétés essentielles des peacocks très forts.

Lemme 2.12. *Soit $(X_t, t \geq 0)$ un processus intégrable.*

1) $(X_t, t \geq 0)$ satisfait (VSP) si et seulement si, pour tout $n \in \mathbb{N}^*$, tous $0 \leq t_1 < \cdots < t_n < t_{n+1}$, tout $i \leq n$ et tout $\phi \in \mathcal{I}_n$:

$$\mathbb{E}[\phi(X_{t_1}, \cdots, X_{t_n})(X_{t_{n+1}} - X_{t_i})] \geq 0. \qquad (\widetilde{VSP})$$

2) Si $(X_t, t \geq 0)$ est centré et vérifie (VSP), alors, pour tout $n \in \mathbb{N}^*$, tous $0 \leq t_1 < \cdots < t_n$ et tout $\phi \in \mathcal{I}_n$:

$$\mathbb{E}[\phi(X_{t_1}, \cdots, X_{t_n})X_{t_n}] \geq 0. \tag{2.10}$$

Démonstration.

1) On démontre $(\widetilde{VSP})$ par récurrence sur n (en supposant (VSP) vérifié).

i) Le cas $n = 1$ est immédiat par (VSP).

ii) On suppose $(\widetilde{VSP})$ pour n. Soit $\phi \in \mathcal{I}_{n+1}$.
-Si $i = n + 1$, alors il suffit d'appliquer (VSP).
-Si $1 \leq i \leq n$, alors on a :

$$\begin{aligned}
&\mathbb{E}\left[\phi(X_{t_1}, X_{t_2}, \cdots, X_{t_{n+1}})(X_{t_{n+2}} - X_{t_i})\right] \\
&= \underbrace{\mathbb{E}\left[\phi(X_{t_1}, X_{t_2}, \cdots, X_{t_{n+1}})(X_{t_{n+2}} - X_{t_{n+1}})\right]}_{\geq 0 \text{ (d'après } (VSP))} + \mathbb{E}\left[\phi(X_{t_1}, X_{t_2}, \cdots, X_{t_{n+1}})(X_{t_{n+1}} - X_{t_i})\right] \\
&\geq \mathbb{E}\left[\phi(X_{t_1}, \cdots, X_{t_n}, X_{t_i})(X_{t_{n+1}} - X_{t_i})\right] \\
&\geq 0 \text{ (par hypothèse de récurrence).}
\end{aligned}$$

2) Nous prouvons (2.10) par récurrence sur $n \in \mathbb{N}^*$.
Si $n = 1$, alors (2.10) est vérifiée d'après le Lemme 1.34, puisque X_{t_1} est centré et ϕ est croissante. En outre, si (2.10) est vérifiée pour n, alors il en est de même pour $n+1$, puisque :

$$\begin{aligned}
&\mathbb{E}\left[\phi(X_{t_1}, \cdots, X_{t_n}, X_{t_{n+1}})X_{t_{n+1}}\right] \\
&\geq \mathbb{E}\left[\phi(X_{t_1}, \cdots, X_{t_n}, 0)X_{t_{n+1}}\right] \\
&= \underbrace{\mathbb{E}\left[\phi(X_{t_1}, \cdots, X_{t_n}, 0)(X_{t_{n+1}} - X_{t_n})\right]}_{(\geq 0 \text{ d'après (VSP)})} + \mathbb{E}\left[\phi(X_{t_1}, \cdots, X_{t_n}, 0)X_{t_n}\right] \\
&\geq \mathbb{E}\left[\phi(X_{t_1}, \cdots, X_{t_n}, 0)X_{t_n}\right] \geq 0 \text{ (d'après l'hypothèse de récurrence).}
\end{aligned}$$

□

L'importance de la notion de peacock très fort repose sur le résultat ci-après :

Théorème 2.13. *Soit $(X_t, t \geq 0)$ un processus continu à droite, satisfaisant (VSP) et tel que, pour tout $t \geq 0$:*

$$\mathbb{E}\left[\sup_{s\in[0,t]} |X_s|\right] < \infty. \tag{2.11}$$

Alors, pour toute fonction continue à droite et strictement croissante $\alpha : \mathbb{R}_+ \to \mathbb{R}_+$ telle que $\alpha(0) = 0$, les processus

$$\left(C_t := \int_0^t (X_s - \mathbb{E}[X_s])d\alpha(s), t \geq 0\right)$$

et

$$\left(Q_t := \frac{1}{\alpha(t)} \int_0^t X_s\, d\alpha(s), t \geq 0\right)$$

sont des peacocks.

Démonstration.
Soit $T > 0$ fixé. Nous supposerons sans nuire à la généralité que $(X_t, t \geq 0)$ est centré.

1) Nous montrons d'abord que si $1_{[0,T]}d\alpha$ est une combinaison linéaire de mesures de Dirac, i.e.

$$1_{[0,T]}d\alpha := \sum_{i=1}^{r} a_i \delta_{\lambda_i}, \tag{2.12}$$

avec $r \in [\![2, \infty]\!]$, $a_1 > 0, a_2 > 0, \ldots, a_r > 0$ tels que

$$\alpha(r) := \sum_{i=1}^{r} a_i = \alpha(T),$$

et $0 \leq \lambda_1 < \lambda_2 < \cdots < \lambda_n \leq T$, alors :

$$\left.\begin{aligned}
&\left(C_n := \sum_{i=1}^{n} a_i X_{\lambda_i}, n \in [\![1, r]\!]\right) \text{ et} \\
&\left(Q_n := \frac{1}{\alpha(n)} \sum_{i=1}^{n} a_i X_{\lambda_i}, n \in [\![1, r]\!]\right) \text{ sont des peacocks.}
\end{aligned}\right\} \tag{2.13}$$

Soient $\psi \in \mathbf{C}$ et $n \geq 2$. Pour tout $n \in [\![2, r]\!]$, on a :

$$\begin{aligned}
&\mathbb{E}[\psi(C_n)] - \mathbb{E}[\psi(C_{n-1})] \geq \mathbb{E}[\psi'(C_{n-1})(C_n - C_{n-1})] \\
&= a_n \mathbb{E}\left[\phi\left(X_{\lambda_1}, \cdots, X_{\lambda_{n-1}}\right) X_{\lambda_n}\right] \\
&= a_n \left(\mathbb{E}[\phi\left(X_{\lambda_1}, \cdots, X_{\lambda_{n-1}}\right)\left(X_{\lambda_n} - X_{\lambda_{n-1}}\right)] + \mathbb{E}[\phi\left(X_{\lambda_1}, \cdots, X_{\lambda_{n-1}}\right) X_{\lambda_{n-1}}]\right)
\end{aligned}$$

et

$$\begin{aligned}
&\mathbb{E}[\psi(Q_n)] - \mathbb{E}[\psi(Q_{n-1})] \geq \mathbb{E}[\psi'(Q_{n-1})(Q_n - Q_{n-1})] \\
&= \mathbb{E}\left[\psi'\left(\frac{1}{\alpha(n-1)}\sum_{i=1}^{n-1} a_i X_{\lambda_i}\right)\left(\frac{1}{\alpha(n)}\sum_{i=1}^{n} a_i X_{\lambda_i} - \frac{1}{\alpha(n-1)}\sum_{i=1}^{n-1} a_i X_{\lambda_i}\right)\right] \\
&= \frac{a_n}{\alpha(n)\alpha(n-1)} \sum_{i=1}^{n-1} a_i \mathbb{E}\left[\widetilde{\phi}\left(X_{\lambda_1}, \cdots, X_{\lambda_{n-1}}\right)\left(X_{\lambda_n} - X_{\lambda_i}\right)\right],
\end{aligned}$$

où

$$\phi : (x_1, \ldots, x_{n-1}) \longmapsto \psi'\left(\sum_{i=1}^{n-1} a_i x_i\right)$$

et

$$\widetilde{\phi} : (x_1, \ldots, x_{n-1}) \longmapsto \psi'\left(\frac{1}{\alpha(n-1)}\sum_{i=1}^{n-1} a_i x_i\right)$$

sont des fonctions de $\mathcal{I}_{n-1}$. Il ne reste plus qu'à appliquer le Lemme 2.12 pour obtenir (2.13).

2) Posons $\mu = 1_{[0,T]} d\alpha$ et, pour tout $0 \leq t \leq T$,

$$C_t^{(\mu)} := \int_0^t X_u \mu(du) \quad \text{et} \quad Q_t^{(\mu)} := \frac{1}{\mu([0,t])} \int_0^t X_u \mu(du).$$

Puisque la fonction $\lambda \in [0, T] \longmapsto X_\lambda$ est continue à droite et bornée supérieurement par la variable $\sup_{0 \leq \lambda \leq T} |X_\lambda|$ qui est finie p.s., alors il existe une suite de mesures $(\mu_n, n \geq 0)$ de la forme (2.12), telles que : pour tout $n \in \mathbb{N}$, supp $\mu_n \subset [0, T]$, $\int \mu_n(du) = \int \mu(du)$ et, pour tout $0 \leq t \leq T$,

$$\lim_{n \to \infty} \int_0^t X_u \mu_n(du) = \int_0^t X_u \mu(du) \text{ a.s.} \tag{2.14}$$

et

$$\lim_{n \to \infty} \mu_n([0, t]) = \mu([0, t]). \tag{2.15}$$

Alors, d'après (2.14) et (2.15), il en résulte que, pour tout $0 \leq t \leq T$:

$$\lim_{n \to \infty} Q_t^{(\mu_n)} = Q_t^{(\mu)} \text{ p.s. et } \lim_{n \to \infty} C_t^{(\mu_n)} = C_t^{(\mu)} \text{ p.s.} \tag{2.16}$$

Mais, grâce au Point **1)** ci-dessus, pour tout $n \in \mathbb{N}$:

$$\left(C_t^{(\mu_n)}, 0 \leq t \leq T\right) \text{ et } \left(Q_t^{(\mu_n)}, 0 \leq t \leq T\right) \text{ sont des peacocks,} \tag{2.17}$$

i.e. pour tout $0 \leq s < t \leq T$, $\mathbb{E}\left[C_s^{(\mu_n)}\right] = \mathbb{E}\left[C_t^{(\mu_n)}\right]$, $\mathbb{E}\left[Q_s^{(\mu_n)}\right] = \mathbb{E}\left[Q_t^{(\mu_n)}\right]$ et, pour tout $\psi \in \mathbf{C}_+$:

$$\mathbb{E}\left[\psi(C_s^{(\mu_n)})\right] \leq \mathbb{E}\left[\psi(C_t^{(\mu_n)})\right] \text{ et } \mathbb{E}\left[\psi(Q_s^{(\mu_n)})\right] \leq \mathbb{E}\left[\psi(Q_t^{(\mu_n)})\right]. \tag{2.18}$$

En outre,

$$\left.\begin{aligned} &\sup_{0\leq t\leq T}\sup_{n\geq 0}\left|C_t^{(\mu_n)}\right| \leq \mu([0,T]) \sup_{0\leq\lambda\leq T}|X_\lambda| \\ &\text{et } \sup_{0\leq t\leq T}\sup_{n\geq 0}\left|Q_t^{(\mu_n)}\right| \leq \sup_{0\leq\lambda\leq T}|X_\lambda|, \end{aligned}\right\} \tag{2.19}$$

où la variable $\sup_{0\leq\lambda\leq T}|X_\lambda|$ est intégrable d'après (2.11).
Ainsi, en utilisant (1.2), (2.16)-(2.19) et le Théorème de convergence dominée, nous en déduisons que $\left(C_t^{(\mu)}, 0 \leq t \leq T\right)$ et $\left(Q_t^{(\mu)}, 0 \leq t \leq T\right)$ sont des peacocks pour tout $T > 0$. □

Remarque 2.14.

1) Le Théorème 2.13 est une extension de l'exemple 2.10.

2) Soient $(\tau_s, s \geq 0)$ un subordinateur, $f : \mathbb{R}_+ \to \mathbb{R}$ une fonction convexe croissante telle que $\mathbb{E}[f(\tau_t)] < \infty$, pour tout $t \geq 0$ et $\alpha : \mathbb{R}_+ \to \mathbb{R}_+$ une fonction continue à droite et strictement croissante satisfaisant $\alpha(0) = 0$. Alors, d'après le Point 2) de l'Exemple 2.8 et le Théorème 2.13,

$$\left(C_t := \int_0^t (f(\tau_s) - \mathbb{E}[f(\tau_s)])d\alpha(s), t \geq 0\right)$$

et

$$\left(Q_t := \frac{1}{\alpha(s)} \int_0^t (f(\tau_s) - \mathbb{E}[f(\tau_s)])d\alpha(s)\right)$$

sont des peacocks.

3) Soit $(Z_t, t \geq 0)$ une diffusion "bien réversible" à temps fixe satisfaisant (1.13), telle que $b_s : y \mapsto b(s,y)$ soit une fonction croissante pour tout $s \geq 0$. Alors, d'après l'Exemple 2.9,

$$(C_t := Z_t - \mathbb{E}[Z_t], t \geq 0) \text{ est un peacock très fort,}$$

et, pour toute fonction continue à droite et strictement croissante $\alpha : \mathbb{R}_+ \to \mathbb{R}_+$ telle que $\alpha(0) = 0$, il résulte du Théorème 2.13 que :

$$\left(\widetilde{C}_t := \int_0^t C_s d\alpha(s), t \geq 0\right) \text{ et } \left(\widetilde{Q}_t := \frac{1}{\alpha(t)} \int_0^t C_s d\alpha(s)\right) \text{ sont des peacocks.}$$

Une conséquence du Théorème 2.13 est qu'il permet d'obtenir une nouvelle approche de l'étude des peacocks de la forme

$$\left(N_t^{(\nu)} := \frac{\int_0^t q(s, X_s)\nu(ds)}{\mathbb{E}\left[\int_0^t q(s, X_s)\nu(ds)\right]}, t \geq 0 \right),$$

où ν est une mesure de Radon positive sur $\mathbb{R}_+$. Notons que le Théorème 1.43 fournit des conditions suffisantes sur le processus $(X_t, t \geq 0)$ et sur la fonction q pour que $(N_t^{(\nu)}, t \geq 0)$ soit un peacock.

Théorème 2.15. *Soit $(X_t, t \geq 0)$ un processus à valeurs dans $\mathbb{R}$, continu à droite, et soit $q : \mathbb{R}_+ \times \mathbb{R} \to \mathbb{R}_+$ une fonction continue et strictement positive telle que :*

$$\left(Y_t := \frac{q(t, X_t)}{\mathbb{E}[q(t, X_t)]}, t \geq 0 \right) \text{ est un peacock très fort.} \tag{2.20}$$

Supposons que pour tout $t \geq 0$,

$$\mathbb{E}\left[\sup_{0 \leq s \leq t} q(s, X_s)\right] < \infty \text{ et } \inf_{0 \leq s \leq t} \mathbb{E}[q(s, X_s)] > 0.$$

Alors, pour toute mesure de Radon positive ν sur $\mathbb{R}_+$,

$$\left(N_t^{(\nu)} := \frac{\int_0^t q(s, X_s)\nu(ds)}{\mathbb{E}\left[\int_0^t q(s, X_s)\nu(ds)\right]}, t \geq 0 \right) \text{ est un peacock.} \tag{2.21}$$

Démonstration.
En s'inspirant de la preuve du Théorème 2.13, il nous suffit de vérifier que pour toute suite $(a_n, n \geq 1)$ de $\mathbb{R}_+$ et pour toute suite croissante $(\lambda_n, n \geq 1)$ telle que $\lambda_1 \geq 0$, on a :

$$\left(N_n := \frac{\sum_{i=1}^n a_i q(\lambda_i, X_{\lambda_i})}{\mathbb{E}\left[\sum_{i=1}^n a_i q(\lambda_i, X_{\lambda_i})\right]}, n \geq 1 \right) \text{ est un peacock.} \tag{2.22}$$

Si on pose

$$\alpha(n) := \mathbb{E}\left[\sum_{i=1}^n a_i q(\lambda_i, X_{\lambda_i})\right]$$

et, pour tout $i \geq 1$,

$$b_i := a_i \mathbb{E}[q(\lambda_i, X_{\lambda_i})], \; Y_{\lambda_i} := \frac{q(\lambda_i, X_{\lambda_i})}{\mathbb{E}[q(\lambda_i, X_{\lambda_i})]},$$

alors on s'aperçoit que (2.22) équivaut à :

$$\left(N_n = \frac{1}{\alpha(n)} \sum_{i=1}^n b_i Y_{\lambda_i}, n \geq 1 \right) \text{ est un peacock ;} \tag{2.23}$$

que nous obtenons en procédant comme dans la preuve du Théorème 2.13. □

Exemple 2.16. (Les diffusions "bien réversibles" à temps fixe.)
Soit $X := (X_t, t \geq 0)$ une diffusion "bien réversible" à temps fixe qui est l'unique solution forte de :

$$dZ_t = \sigma(t, Z_t)dB_t + b(t, Z_t)dt, \; Z_0 = x \in \mathbb{R},$$

où $(B_t, t \geq 0)$ désigne un mouvement brownien standard.
Pour tout $s \geq 0$, on définit le générateur espace-temps :

$$\mathcal{A}_s := \frac{\partial}{\partial s} + \frac{1}{2}\sigma^2(s, y)\frac{\partial^2}{\partial y^2} + b(s, y)\frac{\partial}{\partial y}.$$

Soit $q : \mathbb{R}_+ \times \mathbb{R} \to \mathbb{R}_+$ une fonction strictement positive de $\mathcal{C}^{1,2}(\mathbb{R}_+ \times \mathbb{R})$ telle que pour tout $s \geq 0$, $\mathbb{E}[q(s, X_s)] < \infty$ et les fonctions $q_s : y \longmapsto q(s, y)$ et $f_s : y \longmapsto \dfrac{\mathcal{A}_s q(s, y)}{q(s, y)}$ sont croissantes (resp. décroissantes). Alors,

$$\left(Y_t := \frac{q(t, X_t)}{\mathbb{E}[q(t, X_t)]}, t \geq 0\right) \text{ est un peacock très fort.}$$

Considérons en effet $n \in \mathbb{N}^*$, $0 < \lambda_1 < \cdots < \lambda_n < \lambda_{n+1}$ et $\phi \in \mathcal{I}_n$. Définissons ensuite :

$$\forall\, i \in [\![1, n+1]\!], \, x \in \mathbb{R}, \quad \widetilde{q}_i(x) := \frac{q(\lambda_i, x)}{\mathbb{E}[q(\lambda_i, X_{\lambda_i})]}$$

et

$$\forall\, (x_1, \cdots, x_n) \in \mathbb{R}^n, \quad \Phi(x_1, \cdots, x_n) := \phi\left(\widetilde{q}_1(x_1), \cdots, \widetilde{q}_n(x_n)\right).$$

Supposons que pour tout $s \geq 0$, les fonctions q_s et f_s sont croissantes. Alors, Φ est croissante en chacun de ses arguments ; de plus, en retournant le processus X au temps λ_{n+1}, nous avons :

$$\begin{aligned}
&\mathbb{E}\left[\phi(Y_{\lambda_1}, \cdots, Y_{\lambda_n})(Y_{\lambda_{n+1}} - Y_{\lambda_n})\right] \\
&\quad = \mathbb{E}\left[\Phi(X_{\lambda_1}, \cdots, X_{\lambda_n})(\widetilde{q}_{n+1}(X_{\lambda_{n+1}}) - \widetilde{q}_n(X_{\lambda_n}))\right] \\
&\quad = \mathbb{E}\left[\Phi\left(\overline{X}^{(\lambda_{n+1})}_{\lambda_{n+1}-\lambda_1}, \cdots, \overline{X}^{(\lambda_{n+1})}_{\lambda_{n+1}-\lambda_n}\right)\left(\widetilde{q}_{n+1}(\overline{X}^{(\lambda_{n+1})}_0) - \widetilde{q}_n(\overline{X}^{(\lambda_{n+1})}_{\lambda_{n+1}-\lambda_n})\right)\right] \\
&\quad = \overline{\mathbb{E}}\left[\overline{\mathbb{E}}\left[\Phi\left(\overline{X}^{(\lambda_{n+1})}_{\lambda_{n+1}-\lambda_1}, \cdots, \overline{X}^{(\lambda_{n+1})}_{\lambda_{n+1}-\lambda_n}\right)\middle|\overline{\mathcal{F}}_{\lambda_{n+1}-\lambda_n}\right]\left(\widetilde{q}_{n+1}(\overline{X}^{(\lambda_{n+1})}_0) - \widetilde{q}_n(\overline{X}^{(\lambda_{n+1})}_{\lambda_{n+1}-\lambda_n})\right)\right] \\
&\quad = \overline{\mathbb{E}}\left[\widetilde{\Phi}\left(\overline{X}^{(\lambda_{n+1})}_{\lambda_{n+1}-\lambda_n}\right)\left(\widetilde{q}_{n+1}(\overline{X}^{(\lambda_{n+1})}_0) - \widetilde{q}_n(\overline{X}^{(\lambda_{n+1})}_{\lambda_{n+1}-\lambda_n})\right)\right] \\
&\quad = \mathbb{E}\left[\widetilde{\Phi}(X_{\lambda_n})\left(\widetilde{q}_{n+1}(X_{\lambda_{n+1}}) - \widetilde{q}_n(X_{\lambda_n})\right)\right],
\end{aligned}$$

où $\widetilde{\Phi}$ est une fonction croissante (voir Lemme 1.12 ou Exemple 2.9).
Maintenant, si on pose

$$\forall\, s \geq 0, \quad \Gamma_s := \frac{1}{\mathbb{E}[q(s, X_s)]},$$

et si on applique la formule d'Itô, alors, pour tout $s \geq 0$, on obtient :

$$0 = \frac{d}{ds}\mathbb{E}[\Gamma_s q(s, X_s)] = \mathbb{E}\left[\Gamma'_s q(s, X_s) + \Gamma_s \mathcal{A}_s q(s, X_s)\right] \tag{2.24}$$

D'autre part, il résulte de la formule d'Itô que :

$$\begin{aligned}
&\mathbb{E}\left[\widetilde{\Phi}(X_{\lambda_n})\left(\widetilde{q}_{n+1}(X_{\lambda_{n+1}})-\widetilde{q}_n(X_{\lambda_n})\right)\right]\\
&=\mathbb{E}\left[\widetilde{\Phi}(X_{\lambda_n})\left(\Gamma_{\lambda_{n+1}}q(\lambda_{n+1},X_{\lambda_{n+1}})-\Gamma_{\lambda_n}q(\lambda_n,X_{\lambda_n})\right)\right]\\
&=\mathbb{E}\left[\widetilde{\Phi}(X_{\lambda_n})\left(\int_{\lambda_n}^{\lambda_{n+1}}\Gamma_s\frac{\partial q}{\partial y}(s,X_s)dB_s+\int_{\lambda_n}^{\lambda_{n+1}}(\Gamma'_s q(s,X_s)+\Gamma_s\mathcal{A}_s q(s,X_s))ds\right)\right]\\
&=\int_{\lambda_n}^{\lambda_{n+1}}\mathbb{E}\left[\widetilde{\Phi}(X_{\lambda_n})q(s,X_s)\left(\Gamma'_s+\Gamma_s f_s(X_s)\right)\right]ds.
\end{aligned}$$

Comme X est conditionnellement monotone (voir Théorème 1.14), alors, pour tout $\lambda_n \leq s \leq \lambda_{n+1}$,

$$\widetilde{\Phi}_{\lambda_n,s} : z \longmapsto \mathbb{E}\left[\widetilde{\Phi}(X_{\lambda_n})|X_s = z\right] \text{ est une fonction croissante.}$$

D'après (2.24), on en déduit que :

$$\begin{aligned}
&\mathbb{E}\left[\widetilde{\Phi}(X_{\lambda_n})\left(\widetilde{q}_{n+1}(X_{\lambda_{n+1}})-\widetilde{q}_n(X_{\lambda_n})\right)\right]\\
&=\int_{\lambda_n}^{\lambda_{n+1}}\mathbb{E}\left[\mathbb{E}\left[\widetilde{\Phi}(X_{\lambda_n})\Big|X_s\right]q(s,X_s)\left(\Gamma'_s+\Gamma_s f_s(X_s)\right)\right]ds\\
&=\int_{\lambda_n}^{\lambda_{n+1}}\mathbb{E}\left[\widetilde{\Phi}_{\lambda_n,s}(X_s)q(s,X_s)\left(\Gamma'_s+\Gamma_s f_s(X_s)\right)\right]ds\\
&\geq\int_{\lambda_n}^{\lambda_{n+1}}\widetilde{\Phi}_{\lambda_n,s}\left(f_s^{-1}\left(-\frac{\Gamma'_s}{\Gamma_s}\right)\right)\mathbb{E}\left[\Gamma'_s q(s,X_s)+\Gamma_s\mathcal{A}_s q(s,X_s)\right]ds=0.
\end{aligned}$$

Remarque 2.17.

1) Si $\Gamma'_s = 0$, i.e. Γ_s ne dépend pas de s, alors l'hypothèse

$$y \longmapsto \mathcal{A}_s q(s,y) \textit{ est une fonction croissante,} \tag{2.25}$$

implique que $(q(t,X_t), t \geq 0)$ est un peacock très fort.

2) Plus généralement, si $q : \mathbb{R}_+ \times \mathbb{R} \to \mathbb{R}$ est une fonction qui satisfait (2.25), et telle que, pour tout $s \geq 0$, $y \longmapsto q(s,y)$ soit croissante, alors

$$(q(t,X_t) - \mathbb{E}[q(t,X_t)], t \geq 0) \textit{ est un peacock très fort.}$$

2.3 Quelques résultats de comparaison des peacocks

Nous allons maintenant, pour une famille de lois de probabilité croissante pour l'ordre convexe $\mu := (\mu_t, t \geq 0)$ fixée, nous intéresser à l'ensemble $\mathcal{D}_\mu^+$ des peacocks forts dont la famille des marginales unidimensionnelles est μ, i.e.

$$\mathcal{D}_\mu^+ := \{(X_t, t \geq 0); X \text{ est un peacock fort, et pour tout } t \geq 0,\ X_t \text{ suit la loi } \mu_t\}.$$

Plus précisément, supposons que μ soit de carré intégrable, i.e.

$$\forall t \geq 0, \quad \int x^2 \mu_t(dx) < \infty.$$

Nous souhaitons, pour toute mesure de probabilité ν sur $\{(s,t); 0 \leq s \leq t\}$, déterminer les processus $(X_t, t \geq 0)$ de $\mathcal{D}_\mu^+$ pour lesquels la quantité :

$$\Pi_\nu(X) := \iint_{\{0 \leq s \leq t\}} \mathbb{E}[(X_t - X_s)^2] \nu(ds, dt)$$

atteint son maximum, resp. son minimum.

2.3.1 Ordres de l'orthant supérieur et inférieur

Les définitions suivantes sont tirées de M. Shaked et J Shantikumar, ([SS94], p.140).

Définition 2.18. *(Ordre de l'orthant supérieur). Soient* $X = (X_1, X_2, \cdots, X_p)$ *et* $Y = (Y_1, Y_2, \cdots, Y_p)$ *deux vecteurs aléatoires de dimension* p $(p \in \mathbb{N}^*)$.

1) Le vecteur X *est dit plus petit que* Y *pour l'ordre de l'orthant supérieur (on note* $X \underset{u.o}{\leq} Y$*) si pour tout p-uplet* $\lambda_1, \lambda_2, \cdots, \lambda_p$ *de réels :*

$$\mathbb{P}(X_1 > \lambda_1, X_2 > \lambda_2, \cdots, X_p > \lambda_p) \leq \mathbb{P}(Y_1 > \lambda_1, Y_2 > \lambda_2, \cdots, Y_p > \lambda_p). \tag{2.26}$$

2) Un processus $(X_t, t \geq 0)$ *est dit plus petit qu'un processus* $(Y_t, t \geq 0)$ *pour l'ordre de l'orthant supérieur si, pour tout* $p \in \mathbb{N}^*$ *et tous* $0 \leq t_1 < t_2 < \cdots < t_p$:

$$(X_{t_1}, X_{t_2}, \cdots, X_{t_p}) \underset{u.o}{\leq} (Y_{t_1}, Y_{t_2}, \cdots, Y_{t_p}). \tag{2.27}$$

Définition 2.19. *(Ordre de l'orthant inférieur). Soient* $X = (X_1, X_2, \cdots, X_p)$ *et* $Y = (Y_1, Y_2, \cdots, Y_p)$ *deux vecteurs aléatoires de dimension* p $(p \in \mathbb{N}^*)$.

1) Le vecteur X *est dit plus petit que* Y *pour l'ordre de l'orthant inférieur (on note* $X \underset{l.o}{\leq} Y$*) si pour tout p-uplet* $\lambda_1, \lambda_2, \cdots, \lambda_p$ *de réels :*

$$\mathbb{P}(X_1 \leq \lambda_1, X_2 \leq \lambda_2, \cdots, X_p \leq \lambda_p) \geq \mathbb{P}(Y_1 \leq \lambda_1, Y_2 \leq \lambda_2, \cdots, Y_p \leq \lambda_p). \tag{2.28}$$

2) Un processus $(X_t, t \geq 0)$ *est dit plus petit qu'un processus* $(Y_t, t \geq 0)$ *pour l'ordre de l'orthant inférieur (on note* $(X_t, t \geq 0) \underset{l.o}{\leq} (Y_t, t \geq 0)$*) si, pour tout* $p \in \mathbb{N}^*$ *et tous* $0 \leq t_1 < t_2 < \cdots < t_p$:

$$(X_{t_1}, X_{t_2}, \cdots, X_{t_p}) \underset{l.o}{\leq} (Y_{t_1}, Y_{t_2}, \cdots, Y_{t_p}). \tag{2.29}$$

Remarque 2.20.

1) Si $X = (X_t, t \geq 0)$ *et* $Y = (Y_t, t \geq 0)$ *sont deux processus tels que* $X \underset{l.o}{\leq} Y \underset{u.o}{\leq} X$*, alors* $(X_t, t \geq 0) \overset{(1.d)}{=} (Y_t, t \geq 0)$.

2) Soit $(X_t, t \geq 0)$ un processus mesurable et, pour $t \geq 0$, soit F_t la fonction de répartition de X_t. Si U est une v.a. uniforme sur $[0,1]$, alors :

$$(X_t, t \geq 0) \overset{(1.d)}{=} (F_t^{-1}(U)).$$

Proposition 2.21. *On considère un processus mesurable $(X_t, t \geq 0)$ et, pour tout $t \geq 0$, on désigne par F_t la fonction de répartition de X_t. Alors, si U est une v.a. uniforme sur $[0,1]$, on a :*

$$\left(F_t^{-1}(U), t \geq 0\right) \underset{l.o}{\leq} (X_t, t \geq 0) \underset{u.o}{\leq} \left(F_t^{-1}(U), t \geq 0\right).$$

Autrement dit, pour toute famille de mesures de probabilité donnée $\mu := (\mu_t, t \geq 0)$, si $\mathcal{D}_\mu$ désigne la classe des processus mesurables dont l'ensemble des marginales unidimensionnelles est μ, i.e.

$$\mathcal{D}_\mu := \{(X_t, t \geq 0);\ \textit{pour tout } t \geq 0,\ X_t \textit{ suit la loi } \mu_t\},$$

alors $\left(F_t^{-1}(U), t \geq 0\right)$ est un maximum absolu de $\mathcal{D}_\mu$ pour l'ordre de l'orthant supérieur et un minimum absolu de $\mathcal{D}_\mu$ pour l'ordre de l'orthant inférieur.

Démonstration.
Pour tout $p \in \mathbb{N}^*$, tout p-uplet $\lambda_1, \lambda_2, \cdots, \lambda_p$ de réels et tous $0 \leq t_1 < t_2 < \cdots < t_p$:

$$\begin{aligned}
\mathbb{P}(X_{t_1} > \lambda_1, X_{t_2} > \lambda_2, \dots, X_{t_p} > \lambda_p) &\leq \min_{i=1,2,\dots,p} \mathbb{P}(X_{t_i} > \lambda_i) \\
&= 1 - \max_{i=1,2,\dots,p} F_{t_i}(\lambda_i) \\
&= \mathbb{P}\left(U > \max_{i=1,2,\dots,p} F_{t_i}(\lambda_i)\right) \\
&= \mathbb{P}\left(U > F_{t_1}(\lambda_1), U > F_{t_2}(\lambda_2), \dots, U > F_{t_p}(\lambda_p)\right) \\
&= \mathbb{P}\left(F_{t_1}^{-1}(U) > \lambda_1, F_{t_2}^{-1}(U) > \lambda_2, \dots, F_{t_p}^{-1}(U) > \lambda_p\right).
\end{aligned}$$

D'autre part, nous avons :

$$\begin{aligned}
\mathbb{P}(X_{t_1} \leq \lambda_1, X_{t_2} \leq \lambda_2, \dots, X_{t_p} \leq \lambda_p) &\leq \min_{i=1,2,\dots,p} \mathbb{P}(X_{t_i} \leq \lambda_i) \\
&= \mathbb{P}\left(F_{t_1}^{-1}(U) \leq \lambda_1, F_{t_2}^{-1}(U) \leq \lambda_2, \dots, F_{t_p}^{-1}(U) \leq \lambda_p\right).
\end{aligned}$$

□

Le résultat qui suit est dû à S. Cambanis, G. Simons et W. Stout [CSS76].

Théorème 2.22. *Soient (X_1, X_2) et (Y_1, Y_2) deux vecteurs aléatoires de dimension 2 tels que :*

$$X_1 \overset{(loi)}{=} Y_1,\ X_2 \overset{(loi)}{=} Y_2 \textit{ et } (X_1, X_2) \underset{l.o}{\leq} (Y_1, Y_2).$$

Soit $k : \mathbb{R} \times \mathbb{R} \to \mathbb{R}$ une fonction continue à droite (en chaque variable) et quasi-monotone, i.e.

$$k(x,y) + k(x',y') - k(x,y') - k(x',y) \geq 0, \textit{ for every } x \leq x',\ y \leq y'.$$

Supposons que les moments $\mathbb{E}[k(X_1, X_2)]$ et $\mathbb{E}[k(Y_1, Y_2)]$ existent (étant éventuellement infinis) et que l'une ou l'autre des conditions ci-après est satisfaite :

(i) k est symétrique et les moments $\mathbb{E}[k(X_1, X_1)]$ et $\mathbb{E}[k(X_2, X_2)]$ sont finis,

(ii) il existe des réels x_1 et x_2 tels que $\mathbb{E}[k(X_1, x_1)]$ et $\mathbb{E}[k(x_2, X_2)]$ soient finis.

Alors :

$$\mathbb{E}[k(X_1, X_2)] \geq \mathbb{E}[k(Y_1, Y_2)].$$

Comme conséquence de la Proposition 2.21 et du Théorème 2.22, nous avons le :

Corollaire 2.23. *On considère un peacock $(X_t, t \geq 0)$ et, pour tout $t \geq 0$, on désigne par F_t la fonction de répartition de X_t. Soit U une v.a. uniforme sur $[0, 1]$. Alors :*

1) pour tout processus $(Y_t, t \geq 0)$ tel que $(Y_t, t \geq 0) \overset{(loi)}{=} (X_t, t \geq 0)$ et toute fonction quasi-monotone $k : \mathbb{R} \times \mathbb{R} \to \mathbb{R}$ satisfaisant les conditions du Théorème 2.22, nous avons :

$$\forall (s,t) \in \mathbb{R}_+ \times \mathbb{R}_+, \ \mathbb{E}\left[k\left(F_s^{-1}(U), F_t^{-1}(U)\right)\right] \geq \mathbb{E}[k(Y_s, Y_t)].$$

En particulier, pour tout $p \geq 1$ tel que $\mathbb{E}[|X_u|^p] < \infty$, tout $u \geq 0$ et tout $(s,t) \in \mathbb{R}_+ \times \mathbb{R}_+$,

$$\mathbb{E}\left[\left|F_t^{-1}(U) - F_s^{-1}(U)\right|^p\right] \leq \mathbb{E}\left[|Y_t - Y_s|^p\right], \tag{2.30}$$

2) $(F_t^{-1}(U), t \geq 0)$ est un peacock fort.

Pour prouver le Corollaire 2.23, on peut observer, pour ce qui est du premier point, que la fonction $k : (x,y) \mapsto -|x-y|^p$ est quasi-monotone et, concernant le second, que si $\phi : \mathbb{R} \to \mathbb{R}$ est croissante, alors la fonction $k : (x,y) \mapsto \phi(x)(y-x)$ est quasi-monotone.

2.3.2 Un Théorème de comparaison des peacocks

Nous pouvons à présent, pour toute mesure de probabilité ν sur $\{(s,t);\ 0 \leq s \leq t\}$, déterminer les processus de $\mathcal{D}_\mu^+$ pour lesquels Π_ν atteint son maximum, resp. son minimum.

Théorème 2.24. *Supposons que*

$$\forall t \geq 0, \quad \int x^2 \mu_t(x) < \infty.$$

Alors :

1) la valeur maximale de Π_ν dans $\mathcal{D}_\mu^+$ est égale à :

$$\max_{X \in \mathcal{D}_\mu^+} \Pi_\nu(X) = \iint_{\{0 \leq s \leq t\}} (\mathbb{E}[X_t^2] - \mathbb{E}[X_s^2])\nu(ds, dt),$$

et elle est atteinte lorsque $(X_t, t \geq 0)$ est une martingale,

2) la valeur minimale de Π_ν dans $\mathcal{D}_\mu^+$ est égale à :

$$\min_{X \in \mathcal{D}_\mu^+} \Pi_\nu(X) = \Pi_\nu\left(F_t^{-1}(U)\right) = \iint_{\{0 \leq s \leq t\}} \mathbb{E}\left[\left(F_t^{-1}(U) - F_s^{-1}(U)\right)^2\right] \nu(ds, dt).$$

Démonstration. Pour prouver le Point 1), considérons un peacock fort $(X_t, t \geq 0)$. Pour tous $0 \leq s \leq t$, nous avons :

$$\begin{aligned} \mathbb{E}\left[(X_t - X_s)^2\right] &= \mathbb{E}\left[X_t^2\right] + \mathbb{E}\left[X_s^2\right] - 2\mathbb{E}[X_t X_s] \\ &= \mathbb{E}\left[X_t^2\right] - \mathbb{E}\left[X_s^2\right] - 2\mathbb{E}[(X_t - X_s)X_s] \\ &\leq \mathbb{E}\left[X_t^2\right] - \mathbb{E}\left[X_s^2\right] \quad \text{(d'après (SP))}. \end{aligned}$$

Ainsi, en intégrant contre la mesure ν, nous obtenons :

$$\max_{X \in \mathcal{D}_\mu^+} \Pi_\nu(X) \leq \iint_{\{0 \leq s \leq t\}} \left(\mathbb{E}\left[X_t^2\right] - \mathbb{E}\left[X_s^2\right]\right) \nu(ds, dt) := M(X),$$

et $M(X)$ est clairement atteinte lorsque $(X_t, t \geq 0)$ est une martingale.
Le Point 2) est une conséquence directe du Théorème 2.22 et du Corollaire 2.23. □

Commentaires

Ce chapitre est pour l'essentiel extrait de [BPR12b]. Des résultats de comparaison des lois multidimensionnelles de peacocks sont obtenus dans ([HPRY11], Section 8.2). Notons que le Théorème 2.24 est semblable aux résultats de comparaison des lois bidimensionnelles de processus de Markov obtenus par Rüschendorf-Wolf ([RW11], Corollaires 3.7 et 3.11).

Chapitre 3

Processus de Markov à noyaux de transition totalement positifs

L'objectif de ce chapitre est d'exhiber de nouvelles classes de peacocks en utilisant la propriété de positivité totale que possèdent les fonctions de transitions de nombreux processus de Markov.

3.1 Notion de positivité totale

Commençons par définir la notion de positivité totale suivant la terminologie utilisée par Karlin [Ka64] (voir aussi Schoenberg [Sch51]).

Définition 3.1. *Une fonction $p : \mathbb{R} \times \mathbb{R} \to \mathbb{R}_+$ est dite totalement positive d'ordre 2 (TP_2) si pour tous réels $x_1 < x_2$ et $y_1 < y_2$, on a :*

$$p\begin{pmatrix} x_1, x_2 \\ y_1, y_2 \end{pmatrix} := \det \begin{pmatrix} p(x_1, y_1) & p(x_1, y_2) \\ p(x_2, y_1) & p(x_2, y_2) \end{pmatrix} \geq 0. \tag{TP$_2$}$$

Définition 3.2. *Une fonction $p : \mathbb{Z} \times \mathbb{Z} \to \mathbb{R}_+$ est dite totalement positive d'ordre 2 (TP_2) si pour tous entiers $k_1 < k_2$ et $l_1 < l_2$, on a :*

$$p\begin{pmatrix} k_1, k_2 \\ l_1, l_2 \end{pmatrix} := \det \begin{pmatrix} p(k_1, l_1) & p(k_1, l_2) \\ p(k_2, l_1) & p(k_2, l_2) \end{pmatrix} \geq 0. \tag{3.1}$$

Notons qu'on définit de la même manière les fonctions totalement positives d'ordre supérieur à deux (voir [Ka64] pour plus de détails).

Remarque 3.3. *Soit D un ensemble connexe de $\mathbb{R} \times \mathbb{R}$ satisfaisant la propriété suivante : pour tous réels $x_1 < x_2$ et $y_1 < y_2$,*

$$[(x_1, y_2) \in D \text{ et } (x_2, y_1) \in D] \Longrightarrow [(x_1, y_1) \in D \text{ et } (x_2, y_2) \in D]. \tag{P}$$

Soit $p : D \to \mathbb{R}_+$ une fonction totalement positive d'ordre 2 (TP_2), i.e. pour tous réels $x_1 < x_2$, $y_1 < y_2$ tels que (x_1, y_1), (x_1, y_2), (x_2, y_1) et (x_2, y_2) appartiennent à D, on a :

$$p\begin{pmatrix} x_1, x_2 \\ y_1, y_2 \end{pmatrix} \geq 0.$$

Alors, la fonction $\widehat{p}$ *définie sur* $\mathbb{R} \times \mathbb{R}$ *par :*

$$\widehat{p}(x,y) = \begin{cases} p(x,y) & si\ (x,y) \in D, \\ 0 & sinon \end{cases}$$

est TP_2.
Voici quelques exemples de parties de $\mathbb{R} \times \mathbb{R}$ *qui vérifient la propriété (P).*

i) Si I *et* J *sont deux intervalles de* $\mathbb{R}$, *alors* $D = I \times J$ *vérifie (P).*

ii) Pour tous $k_0 < k_1$ *dans* $\mathbb{R}$, *et tout* (α, β) *dans* $\mathbb{R}_+ \times \mathbb{R}_+ \setminus \{(0,0)\}$,

$$D = \{(x,y) \in \mathbb{R} \times \mathbb{R};\ k_0 \leq \alpha x - \beta y \leq k_1\} \quad \textit{vérifie (P).}$$

Nous donnons les propriétés des fonctions TP_2 *en supposant que celles-ci sont définies sur* $\mathbb{R} \times \mathbb{R}$. *D'après ce qui précède, on peut étendre ces résultats aux fonctions définies sur des parties connexes du plan satisfaisant la propriété (P).*

Nous avons des critères de positivité totale d'ordre deux pour les fonctions $p : \mathbb{R} \times \mathbb{R} \to \mathbb{R}_+$ régulières.

Proposition 3.4. *([Ka57]). Soit* $p : \mathbb{R} \times \mathbb{R} \to \mathbb{R}_+$ *une fonction telle qu'en tout point* (x,y) *les dérivées partielles* $\dfrac{\partial p}{\partial x}$, $\dfrac{\partial p}{\partial y}$ *et* $\dfrac{\partial^2 p}{\partial x \partial y}$ *existent.*

1) Si p *est* TP_2, *alors, pour tous réels* $x_1 < x_2$ *et tout réel* y *:*

$$\det \begin{pmatrix} p(x_1,y) & \dfrac{\partial p}{\partial y}(x_1,y) \\ p(x_2,y) & \dfrac{\partial p}{\partial y}(x_2,y) \end{pmatrix} \geq 0, \tag{3.2}$$

et, pour tout (x,y),

$$\det \begin{pmatrix} p(x,y) & \dfrac{\partial p}{\partial y}(x,y) \\ \dfrac{\partial p}{\partial x}(x,y) & \dfrac{\partial^2 p}{\partial x \partial y}(x,y) \end{pmatrix} \geq 0. \tag{3.3}$$

2) Réciproquement, si $p(x,y) > 0$ *pour tout* $(x,y) \in \mathbb{R} \times \mathbb{R}$, *alors (3.3) implique (3.2) qui, à son tour, implique la propriété* TP_2 *de* p.

Démonstration.

1) Si p est TP_2, alors, pour tous réels y, $\varepsilon > 0$ et $x_1 < x_2$ nous avons :

$$0 \leq \frac{1}{\varepsilon} \det \begin{pmatrix} p(x_1,y) & p(x_1,y+\varepsilon) \\ p(x_2,y) & p(x_2,y+\varepsilon) \end{pmatrix} = \det \begin{pmatrix} p(x_1,y) & \dfrac{p(x_1,y+\varepsilon) - p(x_1,y)}{\varepsilon} \\ p(x_2,y) & \dfrac{p(x_2,y+\varepsilon) - p(x_2,y)}{\varepsilon} \end{pmatrix},$$

et (3.2) s'ensuit en faisant tendre ε vers 0. De même, pour tous réels x, y et $\varepsilon > 0$, (3.2) entraîne que :

$$0 \leq \det \begin{pmatrix} p(x,y) & \dfrac{\partial p}{\partial y}(x,y) \\ \dfrac{p(x+\varepsilon,y)-p(x,y)}{\varepsilon} & \dfrac{\dfrac{\partial p}{\partial y}(x+\varepsilon,y)-\dfrac{\partial p}{\partial y}(x,y)}{\varepsilon} \end{pmatrix},$$

et on en déduit (3.3) en faisant tendre ε vers 0.

2) Réciproquement, observons que, si $p(x,y) > 0$ pour tous réels x et y, on a :

$$p^2(x,y)\frac{\partial}{\partial x}\left(\frac{1}{p(x,y)}\frac{\partial p(x,y)}{\partial y}\right) = \det \begin{pmatrix} p(x,y) & \dfrac{\partial p}{\partial y}(x,y) \\ \dfrac{\partial p}{\partial x} & \dfrac{\partial^2 p}{\partial x \partial y}(x,y) \end{pmatrix}.$$

Ainsi, on déduit de (3.3) que, pour tout $y \in \mathbb{R}$, $x \longmapsto \dfrac{1}{p(x,y)}\dfrac{\partial p}{\partial y}(x,y)$ est une fonction croissante, ce qui équivaut à (3.2). De même, en remarquant que, pour tous réels y et $x_1 < x_2$, on a :

$$p^2(x_1,y)\frac{\partial}{\partial y}\left(\frac{p(x_2,y)}{p(x_1,y)}\right) = \det \begin{pmatrix} p(x_1,y) & \dfrac{\partial p}{\partial y}(x_1,y) \\ p(x_2,y) & \dfrac{\partial p}{\partial y}(x_2,y) \end{pmatrix},$$

(3.2) entraîne que p est TP_2. □

Nous pouvons déduire de la Proposition 3.4 un second critère de la propriété TP_2.

Corollaire 3.5. *([Ka57]). Soit $p : \mathbb{R} \times \mathbb{R} \to \mathbb{R}_+$ une fonction strictement positive telle qu'en tout point $(x,y) \in \mathbb{R} \times \mathbb{R}$, $\dfrac{\partial^2(\log p)}{\partial x \partial y}(x,y)$ existe. Alors p est TP_2 si et seulement si*

$$\frac{\partial^2(\log p)}{\partial x \partial y}(x,y) \geq 0.$$

Démonstration.
Ce résultat découle du point 2) de la proposition 3.4 et de l'égalité :

$$p^2(x,y)\frac{\partial^2(\log p)}{\partial x \partial y}(x,y) = \det \begin{pmatrix} p(x,y) & \dfrac{\partial p}{\partial y}(x,y) \\ \dfrac{\partial p}{\partial x}(x,y) & \dfrac{\partial^2 p}{\partial x \partial y}(x,y) \end{pmatrix}.$$

□

Exemple 3.6. (densités de transition du mouvement brownien).
Considérons l'ensemble des fonctions ($p_t : \mathbb{R} \times \mathbb{R} \to \mathbb{R}_+, t > 0$) définies par :

$$\forall (x,y) \in \mathbb{R} \times \mathbb{R}, \quad p_t(x,y) = \frac{1}{\sqrt{2\pi t}} \exp\left(\frac{-(x-y)^2}{2t}\right).$$

Nous déduisons du corollaire 3.5 que, pour tout $t > 0$, p_t est TP_2. En effet, pour tout $t > 0$, nous avons :

$$\frac{\partial^2(\log p_t)}{\partial x \partial y}(x,y) = \frac{1}{t} > 0.$$

Plus généralement, si $f : \mathbb{R} \to \mathbb{R}_+$ est une fonction strictement positive de classe $\mathcal{C}^2$. Alors la fonction $(x,y) \longmapsto f(x-y)$ est TP_2 si et seulement si f est log-concave. En effet, nous avons :

$$\frac{\partial^2}{\partial x \partial y}[\log f(x-y)] = -(\log f)''(x-y).$$

Exemple 3.7. (densités de transition du processus d'Ornstein-Uhlenbeck).
Soit $(p_t, t > 0)$ l'ensemble des fonctions définies sur $\mathbb{R} \times \mathbb{R}$ par :

$$p_t(x,y) = \sqrt{\frac{ce^{ct}}{2\pi \sinh(ct)}} \exp\left(-ce^{ct} \frac{(y - xe^{-ct} - \nu(1-e^{-ct}))^2}{2\sinh(ct)}\right) \quad (c, \nu \in \mathbb{R}).$$

On a :

$$\frac{\partial^2(\log p_t)}{\partial x \partial y}(x,y) = \frac{c}{\sinh(ct)} > 0,$$

et, d'après le corollaire 3.5, p_t est TP_2 pour tout $t > 0$.

Contre-exemple 3.8. La fonction p définie par :

$$p(x,y) = \frac{1}{1+(x-y)^2}, \quad \text{pour tout } x, y \in \mathbb{R}$$

n'est pas TP_2.

Nous pouvons régulariser les fonctions TP_2 grâce aux résultats suivants :

Lemme 3.9. *Soient $p, q : \mathbb{R} \times \mathbb{R} \to \mathbb{R}$ deux fonctions boréliennes et μ une mesure positive sur $\mathbb{R}$ telle que :*

$$\forall x, z \in \mathbb{R}, \quad \int_{\mathbb{R}} |p|(x,y)|q|(y,z)\mu(dy) < \infty.$$

Soit r la fonction définie sur $\mathbb{R} \times \mathbb{R}$ par :

$$\forall x, z \in \mathbb{R}, \quad r(x,z) = \int_{\mathbb{R}} p(x,y)q(y,z)\mu(dy).$$

Alors, pour tous réels $x_1 < x_2$, $z_1 < z_2$,

$$r\begin{pmatrix} x_1, x_2 \\ z_1, z_2 \end{pmatrix} = \iint_{y_1 < y_2} p\begin{pmatrix} x_1, x_2 \\ y_1, y_2 \end{pmatrix} q\begin{pmatrix} y_1, y_2 \\ z_1, z_2 \end{pmatrix} \mu(dy_1)\mu(dy_2). \tag{3.4}$$

En particulier, si p et q sont deux fonctions intégrables par rapport à la mesure de Lebesgue, et si $r := p * q$ désigne le produit de convolution de p et q, i.e.

$$\forall x \in \mathbb{R}, \;\; r(x) = \int_{\mathbb{R}} p(x-y)q(y)\, dy,$$

alors, pour tous $x_1 < x_2$, $z_1 < z_2$,

$$\det \begin{pmatrix} r(x_1 - z_1) & r(x_1 - z_2) \\ r(x_2 - z_1) & r(x_2 - z_2) \end{pmatrix}$$
$$= \iint_{y_1<y_2} \det \begin{pmatrix} p(x_1 - y_1) & p(x_1 - y_2) \\ p(x_2 - y_1) & p(x_2 - y_2) \end{pmatrix} \det \begin{pmatrix} q(y_1 - z_1) & q(y_1 - z_2) \\ q(y_2 - z_1) & q(y_2 - z_2) \end{pmatrix} dy_1 dy_2.$$

Démonstration.
On désigne par σ, l'image par l'application $(y,y) \longmapsto y$ de la restriction de $\mu \otimes \mu$ à la diagonale $\{(y,y);\, y \in \mathbb{R}\}$. Pour tous réels $x_1 < x_2$, $z_1 < z_2$, on a :

$$r\begin{pmatrix} x_1, x_2 \\ z_1, z_2 \end{pmatrix} = r(x_1, z_1)r(x_2, z_2) - r(x_1, z_2)r(x_2, z_1),$$

avec

$$\begin{aligned} r(x_1, z_1)r(x_2, z_2) &= \iint_{y_1<y_2} p(x_1, y_1)q(y_1, z_1)p(x_2, y_2)q(y_2, z_2)\mu(dy_1)\mu(dy_2) \\ &+ \iint_{y_1<y_2} p(x_1, y_2)q(y_2, z_1)p(x_2, y_1)q(y_1, z_2)\mu(dy_1)\mu(dy_2) \\ &+ \int_{\mathbb{R}} p(x_1, y)q(y, z_1)p(x_2, y)q(y, z_2)\, \sigma(dy) \end{aligned}$$

et

$$\begin{aligned} r(x_1, z_2)r(x_2, z_1) &= \iint_{y_1<y_2} p(x_1, y_1)q(y_1, z_2)p(x_2, y_2)q(y_2, z_1)\mu(dy_1)\mu(dy_2) \\ &+ \iint_{y_1<y_2} p(x_1, y_2)q(y_2, z_2)p(x_2, y_1)q(y_1, z_1)\mu(dy_1)\mu(dy_2) \\ &+ \int_{\mathbb{R}} p(x_1, y)q(y, z_2)p(x_2, y)q(y, z_1)\, \sigma(dy). \end{aligned}$$

Ainsi,

$$\begin{aligned} & r(x_1, z_1)r(x_2, z_2) - r(x_1, z_2)r(x_2, z_1) \\ &= \iint_{y_1<y_2} p(x_1, y_1)p(x_2, y_2)[q(y_1, z_1)q(y_2, z_2) - q(y_2, z_1)q(y_1, z_2)]\mu(dy_1)\mu(dy_2) \\ &- \iint_{y_1<y_2} p(x_1, y_2)p(x_2, y_1)[q(y_1, z_1)q(y_2, z_2) - q(y_2, z_1)q(y_1, z_2)]\mu(dy_1)\mu(dy_2); \end{aligned}$$

ce qui équivaut à :

$$r(x_1,z_1)r(x_2,z_2) - r(x_1,z_2)r(x_2,z_1)$$
$$= \iint_{y_1<y_2} p\begin{pmatrix} x_1, x_2 \\ y_1, y_2 \end{pmatrix} q\begin{pmatrix} y_1, y_2 \\ z_1, z_2 \end{pmatrix} \mu(dy_1)\mu(dy_2).$$

□

Comme conséquence immédiate du Lemme 3.9, nous avons :

Proposition 3.10. *Soient $p, q : \mathbb{R}\times\mathbb{R} \to \mathbb{R}_+$ deux fonctions TP_2 telles que la fonction $r : \mathbb{R}\times\mathbb{R} \to \mathbb{R}$ définie par :*

$$r(x,z) = \int_{\mathbb{R}} p(x,y)q(y,z)dy, \quad \textit{pour tout } x, z \in \mathbb{R}, \tag{3.5}$$

soit finie. Alors r possède la propriété TP_2. En particulier, si p et q sont deux fonctions log-concaves intégrables (cf. Lemme 3.9, Définition 3.16, et Théorème 3.20), alors leur produit de convolution $r = p * q$ est log-concave.

Remarque 3.11. *La Proposition 3.10 permet de régulariser les fonctions TP_2 de manière à conserver la propriété de positivité totale. En effet, pour toute fonction TP_2 q telle que, pour tout $z \in \mathbb{R}$, $q(\cdot, z)$ est intégrable, et pour tout $\varepsilon > 0$, la fonction q_ε définie par :*

$$q_\varepsilon(x,z) = \frac{1}{\varepsilon\sqrt{2\pi}} \int_{\mathbb{R}} \exp\left[-\frac{(x-y)^2}{2\varepsilon^2}\right] q(y,z)dy, \quad \textit{pour tout } x, z \in \mathbb{R}, \tag{3.6}$$

est TP_2. En outre, nous avons :

$$\forall\, z \in \mathbb{R}, \ \lim_{\varepsilon\to 0} q_\varepsilon(\cdot, z) = q(\cdot, z) \quad \textit{dans } L^1(\mathbb{R}).$$

Dans le prochain paragraphe, nous donnons des exemples de noyaux de transition markoviens qui possèdent la propriété TP_2.

3.2 Positivité totale dans le cadre des processus de Markov

3.2.1 Définitions

Définition 3.12. *Soit $P := (P_{s,t}(x, dy), 0 \le s < t, x \in I)$ la fonction de transition d'un processus de Markov $((X_t, t \ge 0), (\mathbb{P}_x, x \in I))$ à valeurs dans un intervalle I de $\mathbb{R}$. On dit que P est totalement positif d'ordre 2 (TP_2) si pour tous $0 \le s < t$, tous $x_1 < x_2$ dans I, et tous sous-ensembles boréliens E_1, E_2 de I tels que $E_1 < E_2$ (i.e. $a_1 < a_2$ pour tous $a_1 \in E_1$ et $a_2 \in E_2$), on a :*

$$P_{s,t}\begin{pmatrix} x_1, x_2 \\ E_1, E_2 \end{pmatrix} := \det \begin{pmatrix} P_{s,t}(x_1, E_1) & P_{s,t}(x_1, E_2) \\ P_{s,t}(x_2, E_1) & P_{s,t}(x_2, E_2) \end{pmatrix} \ge 0. \tag{3.7}$$

En particulier, si $(X_t, t \ge 0)$ est homogène en temps, (3.7) équivaut à :

$$P_t\begin{pmatrix} x_1, x_2 \\ E_1, E_2 \end{pmatrix} := \det \begin{pmatrix} P_t(x_1, E_1) & P_t(x_1, E_2) \\ P_t(x_2, E_1) & P_t(x_2, E_2) \end{pmatrix} \ge 0. \tag{3.8}$$

Remarque 3.13. *Soit* $P := (P_{s,t}(x,dy), 0 \leq s < t, x \in I)$ *la fonction de transition d'un processus de Markov* $((X_t, t \geq 0), (\mathbb{P}_x, x \in I))$ *à valeurs dans un intervalle* I *de* $\mathbb{R}$. *On suppose que, pour tous* $0 \leq s < t$ *et* $x \in I$, $P_{s,t}(x,dy)$ *admet une densité* $p_{s,t}(x,y)$ *(par rapport à la mesure de Lebesgue) qui est continue. Alors,* P *est* TP_2 *si et seulement si la fonction* $p_{s,t}$ *est* TP_2, *i.e. pour tous* $x_1 < x_2$, $y_1 < y_2$ *dans* I,

$$p_{s,t}\begin{pmatrix} x_1, x_2 \\ y_1, y_2 \end{pmatrix} := \det \begin{pmatrix} p_{s,t}(x_1,y_1) & p_{s,t}(x_1,y_2) \\ p_{s,t}(x_2,y_1) & p_{s,t}(x_2,y_2) \end{pmatrix} \geq 0.$$

Définition 3.14. *Soit* $P := (P_{s,t}(k,l), 0 \leq s < t, (k,l) \in I \times I)$ *la fonction de transition d'une chaîne de Markov à temps continu* $(X_t, t \geq 0)$ *à valeurs dans un intervalle* I *de* $\mathbb{Z}$. *On dit que* P *est totalement positif d'ordre 2* (TP_2), *si pour tous réels* $0 \leq s < t$ *et pour tous entiers* $k_1 < k_2$ *et* $l_1 < l_2$ *dans* I, *on a :*

$$P_{s,t}\begin{pmatrix} k_1, k_2 \\ l_1, l_2 \end{pmatrix} := \det \begin{pmatrix} P_{s,t}(k_1,l_1) & P_{s,t}(k_1,l_2) \\ P_{s,t}(k_2,l_1) & P_{s,t}(k_2,l_2) \end{pmatrix} \geq 0. \tag{3.9}$$

En particulier, si $(X_t, t \geq 0)$ *est homogène en temps, (3.9) équivaut à :*

$$P_t\begin{pmatrix} k_1, k_2 \\ l_1, l_2 \end{pmatrix} := \det \begin{pmatrix} P_t(k_1,l_1) & P_t(k_1,l_2) \\ P_t(k_2,l_1) & P_t(k_2,l_2) \end{pmatrix} \geq 0. \tag{3.10}$$

Nous définissons de façon similaire la propriété TP_2 pour les chaînes de Markov à temps discret et à espace d'états discret.

Définition 3.15. *Soit* $P := (P_{n,n+1}(k,l), (k,l) \in I \times I)$ *la famille des matrices de transition d'une chaîne de Markov à temps discret* $X := (X_n, n \in \mathbb{N})$ *à valeurs dans un intervalle* I *de* $\mathbb{Z}$. *On dit que* P *est totalement positif d'ordre 2* (TP_2), *si pour tous réels* $n \in \mathbb{N}$ *et pour tous entiers* $k_1 < k_2$ *et* $l_1 < l_2$ *dans* I, *on a :*

$$P_{n,n+1}\begin{pmatrix} k_1, k_2 \\ l_1, l_2 \end{pmatrix} := \det \begin{pmatrix} P_{n,n+1}(k_1,l_1) & P_{n,n+1}(k_1,l_2) \\ P_{n,n+1}(k_2,l_1) & P_{n,n+1}(k_2,l_2) \end{pmatrix} \geq 0. \tag{3.11}$$

En particulier, si X *est homogène, et si* P *désigne la matrice de transition de* X, *alors (3.11) équivaut à :*

$$P\begin{pmatrix} k_1, k_2 \\ l_1, l_2 \end{pmatrix} := \det \begin{pmatrix} P(k_1,l_1) & P(k_1,l_2) \\ P(k_2,l_1) & P(k_2,l_2) \end{pmatrix} \geq 0. \tag{3.12}$$

Voici quelques exemples de processus Markoviens ayant une fonction de transition TP_2.

3.2.2 Les processus à accroissements indépendants et log-concaves

Commençons par introduire les notions de v.a. PF_2 et log-concaves (voir Schoenberg [Sch51] ou Daduna-Szekli [DS96]).

Définition 3.16. *(V.a. PF_2 réelle).*
Une v.a. réelle X est dite PF_2 si :

1) X admet une densité de probabilité f,

2) pour tous $x_2 \geq x_1$, $y_2 \geq y_1$,

$$det \begin{pmatrix} f(x_1 - y_1) & f(x_1 - y_2) \\ f(x_2 - y_1) & f(x_2 - y_2) \end{pmatrix} \geq 0.$$

Définition 3.17. *(V.a. PF_2 discrète à valeurs dans $\mathbb{Z}$).*
Une v.a. discrète X est dite PF_2 si, en posant $f(x) = \mathbb{P}(X = x)$ pour $x \in \mathbb{Z}$, on a : pour tout $x_1 \geq x_2$, $y_1 \geq y_2$,

$$det \begin{pmatrix} f(x_1 - y_1) & f(x_1 - y_2) \\ f(x_2 - y_1) & f(x_2 - y_2) \end{pmatrix} \geq 0.$$

Définition 3.18. *(V.a. log-concave réelle).*
Une v.a. réelle est dite log-concave si :

1) X admet une densité de probabilité f,

2) f est une fonction log-concave sur $\mathbb{R}$, i.e. pour tout $x, y \in \mathbb{R}$ et tout $\theta \in]0, 1[$,

$$f(\theta x + (1 - \theta)y) \geq (f(x))^{\theta}(f(y))^{1-\theta}.$$

Définition 3.19. *(V.a. log-concave à valeurs dans $\mathbb{Z}$).*
Une variable aléatoire à valeurs dans $\mathbb{Z}$ est dite log-concave, si pour tout $n \in \mathbb{Z}$:

$$(\mathbb{P}(X = n))^2 \geq \mathbb{P}(X = n + 1)\mathbb{P}(X = n - 1).$$

Nous rappelons l'équivalence suivante :

Théorème 3.20. *([An97] ou [DS96]). Une variable aléatoire à valeurs dans $\mathbb{R}$ ou $\mathbb{Z}$ est PF_2 si et seulement si elle est log-concave.*

Remarque 3.21.

1) Si $f : \mathbb{R} \to \mathbb{R}_+$ est une densité de probabilité log-concave, alors f est bornée.

2) Soient $f, g : \mathbb{R} \to \mathbb{R}_+$ deux fonctions log-concaves. Alors le produit de convolution $f * g$, défini par

$$(f * g)(x) := \int_{-\infty}^{+\infty} f(y)g(x - y)dy, \text{ pour tout } x \in \mathbb{R},$$

est log-concave (cf. Lemme 3.9 et Proposition 3.10).

3) Notons que f est log-concave sur $\mathbb{R}$ si et seulement si l'ensemble $S_f := \{f > 0\}$ est un intervalle et $\log f$ est une fonction concave sur S_f.

Remarque 3.22. *Comme précédemment, notons que :*

1) si $f : \mathbb{Z} \to \mathbb{R}_+$ est une densité de probabilité log-concave, alors f est bornée.

2) si $f, g : \mathbb{Z} \to \mathbb{R}_+$ sont deux fonctions log-concaves, alors leur produit de convolution $f * g$, défini par

$$(f * g)(n) := \sum_{p \in \mathbb{Z}} f(p)g(n-p), \text{ pour tout } n \in \mathbb{Z},$$

est log-concave (cf. Lemme 3.9 et Proposition 3.10).

3) f est une fonction log-concave sur $\mathbb{Z}$ si et seulement si l'ensemble $S_f := \{f > 0\}$ est un intervalle de $\mathbb{Z}$ et $\log f$ est une fonction concave sur S_f.

Exemple et Contre-exemple 3.23. La plupart des v.a. usuelles sur $\mathbb{R}$ (ou $\mathbb{Z}$) sont log-concaves. En effet, les variables normales, uniformes, exponentielles, binomiales, binomiales négative, géométriques et de Poisson sont log-concaves. Nous renvoyons à [An97] pour plus d'exemples. Notons que :

a) La variable Gamma de paramètre $a > 0$, i.e. de densité

$$f_a(x) = \frac{1}{\Gamma(a)} e^{-x} x^{a-1} 1_{[0,+\infty[}(x)$$

n'est pas log-concave si $a < 1$.

b) Une v.a. de Bernouilli X telle que $\mathbb{P}(X = 1) = p = 1 - \mathbb{P}(X = -1)$ n'est pas log-concave.

Nous définissons les processus à accroissements indépendants comme suit :

Définition 3.24. *on appelle processus à accroissements indépendants un processus $(X_\lambda, \lambda \geq 0)$ vérifiant :*

$$\forall\, 0 \leq \xi \leq \eta, \ X_\eta - X_\xi \text{ est indépendant de } \mathcal{F}_\xi := \sigma(X_s;\, 0 \leq s \leq \xi). \tag{PAI}$$

Remarque 3.25. *Soit $(X_t, t \geq 0)$ un processus à valeurs dans un intervalle I de $\mathbb{R}$ dont les accroissements sont indépendants et log-concaves. Alors, $(X_t, t \geq 0)$ est un processus de Markov dont la fonction de transition est donnée par :*

$$\forall\, 0 \leq s < t,\, x \in \mathbb{R}, \quad P_{s,t}(x, dy) = p_{s,t}(y - x)dy,$$

où $p_{s,t}$ désigne la densité de la v.a. $X_t - X_s$. Comme la loi de $X_t - X_s$ est log-concave, la fonction $(x, y) \mapsto p_{s,t}(y - x)$ est TP_2 (voir Théorème 3.20).

3.2.3 Les processus à accroissements indépendants, symétriques et PF_∞

Les définitions suivantes sont tirées de [Ka64].

Définition 3.26.

1) Une fonction $f : \mathbb{R} \to \mathbb{R}$ est dite PF_r, $1 \leq r < \infty$, si pour tout $m \in [\![1, r]\!]$ et pour tous réels $x_1 < x_2 < \cdots < x_m$, $y_1 < y_2 < \cdots < y_m$,

$$\det \begin{pmatrix} f(x_1 - y_1) & f(x_1 - y_2) & \cdots & f(x_1 - y_m) \\ f(x_2 - y_1) & f(x_2 - y_2) & \cdots & f(x_2 - y_m) \\ \vdots & \vdots & & \vdots \\ f(x_m - y_1) & f(x_m - y_2) & \cdots & f(x_m - y_m) \end{pmatrix} \geq 0. \tag{PF$_r$}$$

2) Une fonction $f : \mathbb{Z} \to \mathbb{R}$ est dite PF_r, $1 \leq r < \infty$, si pour tous $k \in \mathbb{Z}$ et $m \in [\![1, r]\!]$,

$$\det \begin{pmatrix} f(k) & f(k-1) & \cdots & f(k-m+1) \\ f(k+1) & f(k) & \cdots & f(k-m+2) \\ \vdots & \vdots & & \vdots \\ f(k+m-1) & f(k+m-2) & \cdots & f(k) \end{pmatrix} \geq 0. \tag{PF$_r$}$$

3) Une fonction f est dite PF_∞ si f est PF_r pour tout $r \geq 1$.

Remarque 3.27.

1) Toute fonction PF_r $(1 \leq r \leq +\infty)$ est positive.

2) La propriété PF_2 caractérise les fonctions log-concaves (voir Théorème 3.20).

3) Soit $r \in [\![2, +\infty]\!]$.

  i) Toute fonction $f : \mathbb{R} \to \mathbb{R}_+$ satisfaisant (PF_r) est log-concave et son support $\overline{S_f := \{x \in \mathbb{R};\, f(x) > 0\}}$ est un intervalle de $\mathbb{R}$.

  ii) Toute fonction $f : \mathbb{Z} \to \mathbb{R}_+$ satisfaisant (PF_r) est log-concave et son support $S_f := \{k \in \mathbb{Z};\, f(x) > 0\}$ est un intervalle de $\mathbb{Z}$.

Définition 3.28. *Une v.a. réelle X est dite PF_r, $(1 \leq r \leq \infty)$, si*

  i) X admet une densité f,

  ii) f vérifie la propriété (PF_r).

Définition 3.29. *Une v.a. discrète X est dite PF_r,$(1 \leq r \leq \infty)$ si la fonction $f : \mathbb{Z} \to \mathbb{R}_+$, définie par $f(i) := \mathbb{P}(X = i)$, satisfait l'hypothèse (PF_r).*

Notons qu'on peut caractériser les v.a. réelles (resp. discrètes) PF_∞ à l'aide de leurs transformées de Laplace (resp. leurs fonctions génératrices). Plus précisément :

Théorème 3.30. *([Sch51]). Une v.a. réelle X est PF_∞ si et seulement si :*

  i) sa transformée de Laplace Φ est définie sur une bande (du plan complexe) dont l'intérieur comprend l'axe imaginaire, i.e. $\{s \in \mathbb{C};\, Re\ s = 0\}$,

  ii) Φ est de la forme :

$$\Phi(s) = \frac{e^{\mu s^2 + \nu s}}{\prod_{i=1}^{\infty} (1 + a_i s)\, e^{-a_i s}}, \tag{3.13}$$

  où $\mu \geq 0$, $\nu \in \mathbb{R}$, $a_i \in \mathbb{R}$ pour tout i, et $0 < \mu + \sum_{i=1}^{\infty} a_i^2 < \infty$.

Si X est symétrique, i.e. $X \overset{(loi)}{=} -X$, alors (3.13) devient :

$$\Phi(s) = \frac{e^{\mu s^2}}{\prod_{i=1}^{\infty} \left(1 - b_i^2 s^2\right)}, \tag{3.14}$$

où $\mu \geq 0$, $b_i \in \mathbb{R}$ pour tout i, et $0 < \mu + \sum_{i=1}^{\infty} b_i^2 < \infty$.

Nous énonçons aussi un analogue discret du Théorème 3.30.

Théorème 3.31. *([Ed53]). Une v.a. discrète X de densité $(f(k) := \mathbb{P}(X = k), k = 0, \pm 1, \pm 2, \cdots)$ est PF_∞ si et seulement si :*

i) la série de Laurent $S(z) = \sum_{k=-\infty}^{\infty} f(k) z^k$ converge dans une couronne (du plan complexe) dont l'intérieur comprend le cercle unité, i.e. $\{z \in \mathbb{C};\ |z| = 1\}$,

ii) le prolongement analytique $\widetilde{S}$ de S est de la forme :

$$\widetilde{S}(z) = C \exp(az + bz^{-1}) \frac{\prod_{i=1}^{\infty}(1 + \alpha_i z) \prod_{i=1}^{\infty}(1 + \beta_i z^{-1})}{\prod_{i=1}^{\infty}(1 - \gamma_i z) \prod_{i=1}^{\infty}(1 - \delta_i z^{-1})}, \tag{3.15}$$

où $C \geq 0$, $a \geq 0$, $b \geq 0$, $\alpha_i \geq 0$, $\beta_i \geq 0$, $0 \leq \gamma_i < 1$, $0 \leq \delta_i < 1$, pour tout $i \in [\![1, +\infty[\![$ et $\sum_{i=1}^{\infty}(\alpha_i + \beta_i + \gamma_i + \delta_i) < \infty$.

Si X est symétrique, i.e. $f(k) = f(-k)$, alors (3.15) devient :

$$\widetilde{S}(z) = C \exp\left(a\left(z + z^{-1}\right)\right) \frac{\prod_{i=1}^{\infty}\left((1 + \alpha_i^2) + \alpha_i\left(z + \frac{1}{z}\right)\right)}{\prod_{i=1}^{\infty}(1 - \gamma_i z)(1 - \gamma_i z^{-1})}, \tag{3.16}$$

où $C \geq 0$, $a \geq 0$, $\alpha_i \geq 0$, $0 \leq \gamma_i < 1$ pour tout $i \in [\![1, +\infty]\!]$, et $\sum_{i=1}^{\infty}(\alpha_i + \gamma_i) < \infty$.

Nous allons à présent nous intéresser aux v.a. X qui sont symétriques et PF_∞, i.e., telles que $X \overset{(\text{loi})}{=} -X$. Observons que la densité f d'une variable aléatoire symétrique X est paire, i.e. pour tout $x \in \mathbb{R}$, $f(x) = f(-x)$.
Une des propriétés essentielles des variables PF_∞ et symétriques est donnée dans le résultat qui suit (voir [Ka64], Section 11) :

Théorème 3.32. *([Ka64]). Soit X une v.a. à valeurs réelles, symétrique et PF_∞. On note f la densité de X. Soit $f^* : \mathbb{R}_+ \times \mathbb{R}_+ \to \mathbb{R}_+$ la fonction définie par :*

$$f^*(x, y) = f(x - y) + f(-x - y), \quad \textit{pour tous } x, y \geq 0. \tag{3.17}$$

Alors, pour tous réels positifs $x_1 < x_2$, $y_1 < y_2$, on a :

$$\det \begin{pmatrix} f^*(x_1, y_1) & f^*(x_1, y_2) \\ f^*(x_2, y_1) & f^*(x_2, y_2) \end{pmatrix} \geq 0. \tag{3.18}$$

Il existe une version discrète du Théorème 3.32 :

Théorème 3.33. *([Ka64]). Soit X une v.a. à valeurs réelles, symétrique et PF_∞. On considère la fonction f donnée par $f(k) = \mathbb{P}(X = k)$, pour tout $k \in \mathbb{Z}$. Soit $f^* : \mathbb{N} \times \mathbb{N} \to \mathbb{R}_+$ définie par :*

$$f^*(k,l) = f(k-l) + f(-k-l), \quad \textit{pour tous } k,l \geq 0. \tag{3.19}$$

Alors, pour tous entiers naturels $k_1 < k_2$, $l_1 < l_2$, on a :

$$\det \begin{pmatrix} f^*(k_1,l_1) & f^*(k_1,l_2) \\ f^*(k_2,l_1) & f^*(k_2,l_2) \end{pmatrix} \geq 0. \tag{3.20}$$

Voici quelques propriétés de la fonction f^* definie par (3.17).

Remarque 3.34. *Soit X une v.a. symétrique de densité f. Alors :*

1) pour tout $u \geq 0$ fixé, $f^*(u,\cdot)$ est la densité de $|u + X|$,

2) pour tous $(x,y) \in \mathbb{R}_+ \times \mathbb{R}_+$, $f^*(x,y) = f^*(y,x)$.

Remarque 3.35. *Soient X et Y deux v.a. réelles indépendantes, symétriques et PF_∞ de densités respectives f et g. Alors $Z = X + Y$ est une v.a. symétrique et PF_∞. En outre, si h désigne la densité de Z, alors*

$$\forall (x,z) \in \mathbb{R}_+ \times \mathbb{R}_+, \quad h^*(x,z) = \int_0^\infty f^*(x,y) g^*(y,z)\, dy, \tag{3.21}$$

où f^*, g^* et h^* sont définis par (3.17). En effet, nous avons :

$$\begin{aligned}
h^*(x,z) &= h(x-z) + h(-x-z) \\
&= \int_{-\infty}^{\infty} [f(x-z-u) + f(-x-z-u)] g(u) du \\
&= \int_{-\infty}^{\infty} [f(x-v) + f(-x-v)] g(-z+v) dv \quad (\textit{en posant } v = z+u) \\
&= \int_0^{\infty} [f(x-v) + f(-x-v)][g(-z+v) + g(-z-v)] dv \quad (\textit{car } f \textit{ et } g \textit{ sont paires}) \\
&= \int_0^{\infty} f^*(x,y) g^*(y,z)\, dy.
\end{aligned}$$

Notons enfin qu'il existe un analogue discret de (3.21) :
Soient X et Y deux v.a. discrètes indépendantes, symétriques et PF_∞. On pose $f(i) = \mathbb{P}(X = i)$ et $g(i) = \mathbb{P}(Y = i)$, pour tout $i \in \mathbb{Z}$. Alors, la v.a. $Z = X + Y$ est symétrique et PF_∞, et, en posant $h(i) = \mathbb{P}(Z = i)$, on a :

$$\forall (k,m) \in \mathbb{N} \times \mathbb{N}, \quad h^*(k,m) = \sum_{l=1}^{\infty} f^*(k,l) g^*(l,m).$$

Nous présentons quelques exemples de v.a. symétriques et PF_∞ usuelles.

Exemple 3.36. En appliquant le Théorème 3.30, on vérifie que :

i) toute loi gaussienne centrée est PF_∞,

ii) pour tout $\lambda > 0$, la loi $\mu_\lambda(dx) = \frac{\lambda}{2}\exp(-\lambda|x|)dx$ est PF_∞.

Exemple 3.37. De même, en utilisant le Théorème 3.31, on peut montrer que :

i) La variable aléatoire X telle que

$$\mathbb{P}(X = 0) = \frac{1+\alpha^2}{(1+\alpha)^2} \quad \text{et} \quad \mathbb{P}(X = 1) = \mathbb{P}(X = -1) = \frac{\alpha}{(1+\alpha)^2},$$

où $\alpha \in \mathbb{R}_+$, est PF_∞. En effet, si on pose

$$S(z) := \sum_{k=-\infty}^{\infty} \mathbb{P}(X = k)z^k,$$

alors on a :

$$S(z) = \frac{1}{(1+\alpha)^2}\left[(1+\alpha^2) + \alpha\left(z + \frac{1}{z}\right)\right]$$

qui est de la forme (3.16).

ii) Soient $a > 0$ et $c = \frac{(1-e^{-a})^2}{1-e^{-2a}}$. Si Y désigne la variable aléatoire telle que :

$$\mathbb{P}(Y = 0) = c \quad \text{et} \quad \mathbb{P}(Y = k) = ce^{-a|k|}, \quad k = \pm 1, \pm 2, \cdots,$$

alors Y est PF_∞, puisqu'une représentation de la série de Laurent

$$S(z) = \sum_{k=-\infty}^{\infty} \mathbb{P}(Y = k)z^k$$

est donnée par :

$$\widetilde{S}(z) = \frac{(1-e^{-a})^2}{(1-e^{-a}z)(1-e^{-a}z^{-1})}$$

qui est de la forme (3.16).

Remarque 3.38.

1) Soit $(X_t, t \geq 0)$ un processus à accroissements indépendants (au sens de (PAI)), symétriques et PF_∞. Alors, $(|X_t|, t \geq 0)$ est un processus de Markov ayant pour fonction de transition :

$$P_{s,t}(x, dy) = p^*_{s,t}(x, y)dy \quad (0 \leq s < t,\ x \in \mathbb{R}),$$

où $p_{s,t}$ est la densité de la v.a. $X_t - X_s$, et où

$$p^*_{s,t}(x, y) = p_{s,t}(y - x) + p_{s,t}(-x - y).$$

Puisque $X_t - X_s$ est symétrique et PF_∞, alors, d'après le Théorème 3.32, $p^*_{s,t}$ est TP_2.

2) Les seuls processus de Lévy à accroissements symétriques et PF_∞ sont ceux de la forme $(B_{ct}, t \geq 0)$, $c \geq 0$, où $(B_t, t \geq 0)$ désigne un mouvement brownien standard issu de 0 (cf. [Sch51]).

3.2.4 Les diffusions homogènes

Nous donnons à présent une classe importante de processus de Markov dont les fonctions de transitions sont TP_2. Il s'agit des diffusions homogènes en temps. Nous avons pour cela besoin du lemme ci-après dû à Blumenthal (voir [Bl57], Théorème 1.1 ou [KaMG59], Section 6) :

Lemme 3.39. *(Blumenthal [Bl57])*
Soient $Z := (Z_t, t \geq 0)$ un processus de Markov homogène à valeurs dans un espace métrique $\mathcal{E}$ et $(\mathcal{Q}_t(x, dy), t \geq 0, x \in \mathcal{E})$ sa fonction de transition. Si Z est à trajectoires continues à droite et si, pour toute fonction continue bornée $h : \mathcal{E} \to \mathbb{R}$, la fonction $(t, x) \to \int_{\mathcal{E}} h(y)\mathcal{Q}_t(x, dy)$ est continue en x pour tout t, alors Z possède la propriété de Markov forte.

Le résultat qui suit est à l'origine dû à Karlin-McGregor (voir [KaMG59], Sections 2-6). Nous n'en donnons qu'une version tirée de ([KaT81], Chapitre 15, Problème 21).

Théorème 3.40. *Soit $(X := (X_t, t \geq 0), (\mathbb{P}_x, x \in I))$ une diffusion homogène en temps à valeurs dans un intervalle I de $\mathbb{R}$ et $(P_t(x, dy), t \geq 0, x \in I)$ sa fonction de transition. On suppose que la fonction $(t, x) \longmapsto P_t(x, dy)$ est continue en x pour tout t. Alors, pour tout $t \geq 0$, tous x_1, x_2 dans I et tous boréliens $E_1 < E_2$ de I, nous avons :*

$$\det \begin{pmatrix} P_t(x_1, E_1) & P_t(x_1, E_2) \\ P_t(x_2, E_1) & P_t(x_2, E_2) \end{pmatrix} \geq 0. \tag{3.22}$$

En particulier, si $P_t(x, dy) = p_t(x, y)dy$, où p_t est continu en y pour tout x, alors, pour tous $x_1 < x_2$, $y_1 < y_2$ dans I,

$$\det \begin{pmatrix} p_t(x_1, y_1) & p_t(x_1, y_2) \\ p_t(x_2, y_1) & p_t(x_2, y_2) \end{pmatrix} \geq 0. \tag{3.23}$$

En d'autres termes, la loi de X_t pour tout t vérifie la propriété TP_2.

Démonstration.
Nous reprenons les idées de Karlin-McGregor [KaMG59].

1) Nous montrons que (3.22) a une interprétation probabiliste. En effet, nous prouvons que si deux particules q_1 et q_2 issues respectivement de x_1 et x_2 à l'instant $t = 0$, avec $x_1 < x_2$ dans I, se déplacent simultanément et indépendamment suivant le processus X, alors, pour tous boréliens $E_1 < E_2$ de I et tout $t > 0$,

$$\det \begin{pmatrix} P_t(x_1, E_1) & P_t(x_1, E_2) \\ P_t(x_2, E_1) & P_t(x_2, E_2) \end{pmatrix}$$

est égale à la probabilité qu'à la date t, q_1 soit dans E_1, q_2 soit dans E_2 et qu'aucune coïncidence n'ait eu lieu avant cet instant. Plus précisément :
Soient $X^{(1)}$ et $X^{(2)}$ deux copies indépendantes de X définies sur le même espace de

probabilité $(\Omega, \mathcal{F}, \mathbb{P})$. Soient Ω_1, Ω_2 des copies de Ω, $\mathcal{F}^1$, $\mathcal{F}^2$ des copies de $\mathcal{F}$ et $\mathbb{P}^1$, $\mathbb{P}^2$ des copies de $\mathbb{P}$. Sur l'espace de probabilité

$$(\Omega_1 \times \Omega_2, \mathcal{F}^1 \otimes \mathcal{F}^2, \mathbb{P}^1 \otimes \mathbb{P}^2),$$

on définit le processus $\left((X_t^{(1)}, X_t^{(2)}), t \geq 0\right)$ par :

$$(X_t^{(1)}, X_t^{(2)})(\omega_1, \omega_2) = \left(X_t^{(1)}(\omega_1), X_t^{(2)}(\omega_2)\right), \quad \text{pour tous } t \geq 0, \; (\omega_1, \omega_2) \in \Omega_1 \times \Omega_2.$$

Alors,

$$\left((X_t^{(1)}, X_t^{(2)}), t \geq 0; (\mathbb{P}^1 \otimes \mathbb{P}^2)_{(x_1,x_2)}, (x_1, x_2) \in I \times I\right)$$

est un processus de Markov homogène en temps, à trajectoires continues dont la fonction de transition $\overline{P}$ est définie par : pour tous $t \geq 0$ et $(x_1, x_2) \in I \times I$,

$$\begin{aligned} \overline{P}_t[(x_1, x_2), (dy_1, dy_2)] &:= \mathbb{P}^1_{x_1}\left(X_t^{(1)} \in dy_1\right)\mathbb{P}^2_{x_2}\left(X_t^{(2)} \in dy_2\right) \\ &= P_t(x_1, dy_1)P_t(x_2, dy_2). \end{aligned} \tag{3.24}$$

En outre, d'après le Lemme 3.39, $(X^{(1)}, X^{(2)})$ possède la propriété de Markov forte. Comme (X^1, X^2) est à trajectoires continues, la v.a. τ, définie par :

$$\tau(\omega_1, \omega_2) := \inf\{t \geq 0; \; X_t^{(1)}(\omega_1) = X_t^{(2)}(\omega_2)\},$$

est un temps d'arrêt.
On se propose de prouver que pour tous $x_1 < x_2$ dans I, $E_1 < E_2$ boréliens de I et $t > 0$, on a :

$$\det\begin{pmatrix} P_t(x_1, E_1) & P_t(x_1, E_2) \\ P_t(x_2, E_1) & P_t(x_2, E_2) \end{pmatrix} = \overline{\mathbb{P}}_{(x_1,x_2)}\left((X_t^{(1)}, X_t^{(2)}) \in E_1 \times E_2, t < \tau\right) \geq 0. \tag{3.25}$$

Posons :

$$\overline{\mathbb{P}}(dy_1, dy_2) = \mathbb{P}^1(dy_1)\mathbb{P}^2(dy_2)$$

et, pour $t \geq 0$,

$$\mathcal{F}_t^1 = \sigma(X_s^{(1)}; \; s \leq t) \text{ et } \mathcal{F}_t^2 = \sigma(X_s^{(2)}; \; s \leq t),$$

et

$$\overline{\mathcal{F}}_t = \mathcal{F}_t^1 \otimes \mathcal{F}_t^2 := \sigma(A_1 \times A_2; \; A_1 \in \mathcal{F}_t^1, \, A_2 \in \mathcal{F}_t^2).$$

Pour tous $x_1 < x_2$ dans I, $E_1 < E_2$ boréliens de I et $t > 0$, on a :

$$\begin{aligned} &P_t(x_1, E_1)P_t(x_2, E_2) \\ &= \overline{\mathbb{P}}_{(x_1,x_2)}\left((X_t^{(1)}, X_t^{(2)}) \in E_1 \times E_2\right) \\ &= \overline{\mathbb{P}}_{(x_1,x_2)}\left((X_t^{(1)}, X_t^{(2)}) \in E_1 \times E_2, t < \tau\right) + \overline{\mathbb{P}}_{(x_1,x_2)}\left((X_t^{(1)}, X_t^{(2)}) \in E_1 \times E_2, t > \tau\right). \end{aligned} \tag{3.26}$$

Mais,

$$\overline{\mathbb{P}}_{(x_1,x_2)}\left((X_t^{(1)},X_t^{(2)})\in E_1\times E_2, t>\tau\right)$$
$$=\overline{\mathbb{E}}_{(x_1,x_2)}\left[1_{\{t>\tau\}}\overline{\mathbb{E}}_{(x_1,x_2)}\left[1_{\{(X_t^{(1)},X_t^{(2)})\in E_1\times E_2\}}\middle|\overline{\mathcal{F}}_\tau\right]\right]. \quad (3.27)$$

Puisque $(X^{(1)},X^{(2)})$ est homogène et possède la propriété de Markov forte, alors, conditionnellement à $\{t>\tau\}$:

$$\overline{\mathbb{E}}_{(x_1,x_2)}\left[1_{\{(X_t^{(1)},X_t^{(2)})\in E_1\times E_2\}}\middle|\overline{\mathcal{F}}_\tau\right]=\overline{P}_{t-\tau}\left[(X_\tau^{(1)},X_\tau^{(2)}),E_1\times E_2\right]$$
$$=\mathbb{P}^1_{X_\tau^{(1)}}\left(X_{t-\tau}^{(1)}\in E_1\right)\mathbb{P}^2_{X_\tau^{(2)}}\left(X_{t-\tau}^{(2)}\in E_2\right). \quad (3.28)$$

Or, $X_\tau^{(1)}=X_\tau^{(2)}$, $\mathbb{P}^1=\mathbb{P}^2$ et $X^{(1)}\overset{(\text{loi})}{=}X^{(2)}$; ainsi, conditionnellement à $\{t>\tau\}$, on a :

$$\mathbb{P}^1_{X_\tau^{(1)}}\left(X_{t-\tau}^{(1)}\in E_1\right)=\mathbb{P}^2_{X_\tau^{(2)}}\left(X_{t-\tau}^{(2)}\in E_1\right)$$

et

$$\mathbb{P}^2_{X_\tau^{(2)}}\left(X_{t-\tau}^{(2)}\in E_2\right)=\mathbb{P}^1_{X_\tau^{(1)}}\left(X_{t-\tau}^{(1)}\in E_2\right);$$

ce qui implique :

$$\overline{\mathbb{P}}_{(X_\tau^{(1)},X_\tau^{(2)})}\left((X_{t-\tau}^{(1)},X_{t-\tau}^{(2)})\in E_1\times E_2\right)=\overline{\mathbb{P}}_{(X_\tau^{(1)},X_\tau^{(2)})}\left((X_{t-\tau}^{(1)},X_{t-\tau}^{(2)})\in E_2\times E_1\right) \quad (3.29)$$

Nous déduisons de (3.28) et (3.29) que :

$$1_{\{t>\tau\}}\overline{\mathbb{E}}_{(x_1,x_2)}\left[1_{\{(X_t^{(1)},X_t^{(2)})\in E_1\times E_2\}}\middle|\overline{\mathcal{F}}_\tau\right]$$
$$=1_{\{t>\tau\}}\overline{\mathbb{P}}_{(X_\tau^{(1)},X_\tau^{(2)})}\left((X_{t-\tau}^{(1)},X_{t-\tau}^{(2)})\in E_2\times E_1\right)$$
$$=1_{\{t>\tau\}}\overline{\mathbb{E}}_{(x_1,x_2)}\left[1_{\{(X_t^{(1)},X_t^{(2)})\in E_2\times E_1\}}\middle|\overline{\mathcal{F}}_\tau\right]. \quad (3.30)$$

En comparant (3.27) et (3.30), on déduit :

$$\overline{\mathbb{P}}_{(x_1,x_2)}\left((X_t^{(1)},X_t^{(2)})\in E_1\times E_2, t>\tau\right)$$
$$=\overline{\mathbb{E}}\left[1_{\{t>\tau\}}\overline{\mathbb{E}}_{(x_1,x_2)}\left[1_{\{(X_t^{(1)},X_t^{(2)})\in E_2\times E_1\}}\middle|\overline{\mathcal{F}}_\tau\right]\right]$$
$$=\overline{\mathbb{P}}_{(x_1,x_2)}\left((X_t^{(1)},X_t^{(2)})\in E_2\times E_1, t>\tau\right). \quad (3.31)$$

Mais, puisque $(X^{(1)},X^{(2)})$ est à trajectoires continues,

$$\overline{\mathbb{P}}_{(x_1,x_2)}\left((X_t^{(1)},X_t^{(2)})\in E_2\times E_1, t<\tau\right)=0.$$

En conséquence, (3.31) équivaut à :

$$\overline{\mathbb{P}}_{(x_1,x_2)}\left((X_t^{(1)},X_t^{(2)})\in E_1\times E_2, t>\tau\right)=\overline{\mathbb{P}}_{(x_1,x_2)}\left((X_t^{(1)},X_t^{(2)})\in E_2\times E_1\right)$$
$$=\mathbb{P}^1_{x_1}(X_t^{(1)}\in E_2)\mathbb{P}^2_{x_2}(X_t^{(2)}\in E_1)$$
$$=P_t(x_1,E_2)P_t(x_2,E_1). \quad (3.32)$$

Finalement, (3.26) et (3.32) entraînent que :

$$\overline{\mathbb{P}}_{(x_1,x_2)}\left((X_t^{(1)}, X_t^{(2)}) \in E_1 \times E_2, t < \tau\right) = P_t(x_1, E_1)P_t(x_2, E_2) - P_t(x_1, E_2)P_t(x_2, E_1); \tag{3.33}$$

ce qui donne la relation (3.25) souhaitée.

2) La relation (3.23) est une conséquence de (3.22) et de la Remarque 3.13.

□

Remarque 3.41.

1) Notons que Karlin-McGregor [KaMG57] montrent également que si $(P_t(i,j), t \geq 0, (i,j) \in \mathbb{N} \times \mathbb{N})$ *est la fonction de transition d'un processus de naissance et de mort, alors, pour tout* $t \geq 0$*, tous* $k_1 < k_2$ *et* $l_1 < l_2$*,*

$$\det \begin{pmatrix} P_t(k_1, l_1) & P_t(k_1, l_2) \\ P_t(k_2, l_1) & P_t(k_2, l_2) \end{pmatrix} \geq 0. \tag{3.34}$$

2) L'interprétation probabiliste énoncée dans la preuve du Théorème 3.40 pour les diffusions homogènes en temps s'étend aux processus de naissance et de mort (voir [KaMG59]).

Nous terminons par l'exemple ci-dessous qui traite des processus de naissance et de mort à espaces d'états finis.

Exemple 3.42. ([KaT81], Problème 11). (Les processus de naissance et de mort).
Soit $(P_t(k,l), (k,l) \in I \times I, t \geq 0)$ la fonction de transition d'une chaîne de Markov à temps continu homogène, à espace d'états fini $I \subset \mathbb{Z}$, et de matrice infinitésimale A. Alors, il y a équivalence entre :

1) pour tout $(i,j) \in I \times I$ tel que $|i-j| > 1$, $A(i,j) = 0$;

2) pour tout $t \geq 0$, P_t est TP_2, i.e. pour tous $k_1 < k_2$ et $l_1 < l_2$,

$$P_t \begin{pmatrix} k_1 & k_2 \\ l_1 & l_2 \end{pmatrix} = \det \begin{pmatrix} P_t(k_1, l_1) & P_t(k_1, l_2) \\ P_t(k_2, l_1) & P_t(k_2, l_2) \end{pmatrix} \geq 0.$$

Supposons en effet que 1) est satisfait ; puisque A est une matrice infinitésimale, alors

$$A(i,j) \geq 0, \text{ pour tous } i,j \in I \text{ tels que } j \neq i, \text{ et } A(i,i) = -\sum_{j \in I, j \neq i} A(i,j).$$

Ainsi, pour tout $i \in I$ tel que $i+1 \in I$,

$$A(i,i)A(i+1,i+1) \geq A(i,i+1)A(i+1,i);$$

ce qui implique que A est TP_2. On en déduit que pour tout $t \geq 0$, il existe $n_t \in \mathbb{N}$ tel que pour tout $n \geq n_t$,

$$B_{t,n} := \mathrm{Id} + \frac{t}{n}A \text{ est } TP_2,$$

où Id désigne la matrice identité. En effet, si pour $i \in I$ fixé, on prend $n_{t,i} \in \mathbb{N}^*$ tel que

$$1 + \frac{t}{n_{t,i}}(A(i,i) + A(i+1,i+1)) \geq 0, \text{ (avec la convention } A(j,j) = 0 \text{ si } j \notin I),$$

alors, pour tout $n \geq n_t := \max_{i \in I} n_{t,i}$, $B_{t,n}$ est TP_2.
En appliquant la formule du déterminant d'un produit de matrices, nous déduisons que

$$\forall n \geq n_t, \quad \left(\mathrm{Id} + \frac{t}{n}A\right)^n \text{ est } \mathrm{TP}_2.$$

D'où

$$P_t = e^{At} = \lim_{n \to \infty} \left(\mathrm{Id} + \frac{t}{n}A\right)^n \text{ est } \mathrm{TP}_2.$$

Inversement, si P_t est TP_2 pour tout $t \geq 0$, alors pour tous $i, j \in I$ tels que $j > i + 1$:

$$0 \leq \det \begin{pmatrix} P_t(i,i+1) & P_t(i,j) \\ P_t(i+1,i+1) & P_t(i+1,j) \end{pmatrix}$$

$$= \det \begin{pmatrix} A(i,i+1)t + o(t) & A(i,j)t + o(t) \\ 1 - A(i+1,i+1)t + o(t) & A(i+1,j)t + o(t) \end{pmatrix}$$

$$= -A(i,j)t + o(t);$$

ce qui implique que $A(i,j) = 0$ si $j > i + 1$. On utilise un argument similaire pour $j < i - 1$.

3.3 Résultats de monotonie conditionnelle

L'importance de la notion de positivité totale d'ordre 2 repose sur le résultat que nous énonçons et prouvons à présent : (Nous renvoyons à Pagès [Pa13] pour des considérations semblables.)

Théorème 3.43. *Soient* $I :=]l, r[$ $(-\infty \leq l < r \leq +\infty)$ *un intervalle réel et* $X := (X_\lambda, \lambda \geq 0; \mathbb{P}_x, x \in I)$ *un processus de Markov à valeurs dans* I*. On suppose que la fonction de transition* $(P_{\zeta,\eta}(x, dy), 0 \leq \zeta < \eta, x \in I)$ *de* X *est* TP_2 *et qu'elle est de la forme :*

$$P_{\zeta,\eta}(x, dy) = p_{\zeta,\eta}(x, y)dy, \quad \text{pour tous } 0 \leq \zeta < \eta, \ x \in I, \tag{3.35}$$

où $y \in I \longmapsto p_{\zeta,\eta}(x, y)$ *est une fonction continue pour tous* $0 \leq \zeta < \eta$ *et* $x \in I$.
Soit $(f_k : I \to \mathbb{R}_+, k \in \mathbb{N}^*)$ *une famille de fonctions continues et strictement positives telles que : pour tout* $x \in \mathbb{R}$*, tout* $d \in \mathbb{N}^*$ *et tous* $0 \leq \eta_1 < \cdots < \eta_d$ *:*

$$\mathbb{E}_x \left[\prod_{k=1}^{d} f_k(X_{\eta_k}) \right] < \infty. \tag{3.36}$$

Alors, pour tout $n \geq 2$, tout $i \in \{1, \cdots, n\}$, tout $0 < \lambda_1 < \cdots < \lambda_n$ et toute fonction continue bornée $\phi : I^n \to \mathbb{R}$ croissante (resp. décroissante) en chacun de ses arguments :

$$\left.\begin{array}{l} z \in I \longmapsto K_{x,i}(n,z) := \dfrac{\mathbb{E}_x\left[\phi(X_{\lambda_1}, \cdots, X_{\lambda_n}) \prod\limits_{k=1}^{n} f_k(X_{\lambda_k}) \,\middle|\, X_{\lambda_i} = z\right]}{\mathbb{E}_x\left[\prod\limits_{k=1}^{n} f_k(X_{\lambda_k}) \,\middle|\, X_{\lambda_i} = z\right]} \\ \text{est une fonction croissante (resp. décroissante).} \end{array}\right\} \quad \text{(MCG)}$$

Remarque 3.44. *Observons qu'en prenant $f_k = 1$, pour tout $k \in \mathbb{N}^*$ dans (MCG), on déduit la propriété de monotonie conditionnelle (CM) du processus X.*

Pour prouver le Théorème 3.43, nous commençons par vérifier la propriété (MCG) lorsque $i = n$.

Lemme 3.45. *Supposons que l'intervalle I et le processus X satisfont aux conditions du Théorème 3.43. Soit $(f_k : I \to \mathbb{R}_+, k \in \mathbb{N}^*)$ une famille de fonctions continues et strictement positives telles que (3.36) est vérifiée. Alors, pour tout $n \geq 2$, tout $0 < \lambda_1 < \cdots < \lambda_n$ et toute fonction continue bornée $\phi : I^n \to \mathbb{R}$ croissante (resp. décroissante) en chacun de ses arguments :*

$$\left.\begin{array}{l} z \in I \longmapsto K_x(n,z) := \dfrac{\mathbb{E}_x\left[\phi(X_{\lambda_1}, \cdots, X_{\lambda_n}) \prod\limits_{k=1}^{n} f_k(X_{\lambda_k}) \,\middle|\, X_{\lambda_n} = z\right]}{\mathbb{E}_x\left[\prod\limits_{k=1}^{n} f_k(X_{\lambda_k}) \,\middle|\, X_{\lambda_n} = z\right]} \\ \text{est une fonction croissante (resp. décroissante).} \end{array}\right\} \quad (\widetilde{MCG})$$

Démonstration.

i) Nous ne considérons que le cas où les v.a. sont à valeurs réelles (le cas discret se traite de façon similaire).

ii) Par troncature, nous supposons que les fonctions f_k sont bornées, et par régularisation, que toutes les densités $p_{\zeta,\eta}$ sont continues et strictement positives.

iii) Nous ne nous intéressons qu'aux fonctions croissantes en chacun de leurs arguments et, pour tout $n \in \mathbb{N}^*$, nous désignons par $\mathcal{J}_n$ l'ensemble des fonctions continues $\phi : I^n \to \mathbb{R}$, bornées et croissantes en chacun de leurs arguments.

Nous prouvons ce résultat par récurrence sur $n \geq 2$.

- **Pour n = 2 :** Soient $z \in I$ et $\phi : I \times I \to \mathbb{R}$ dans $\mathcal{J}_2$. Nous avons :

$$\begin{aligned}
K_x(2,z) &:= \frac{\mathbb{E}_x\left[\phi(X_{\lambda_1},z)f_1(X_{\lambda_1})|X_{\lambda_2}=z\right]}{\mathbb{E}_x\left[f_1(X_{\lambda_1})|X_{\lambda_2}=z\right]} \\
&= \frac{\displaystyle\int_l^r \phi(a,z)f_1(a)p_{0,\lambda_1}(x,a)p_{\lambda_1,\lambda_2}(a,z)da}{\displaystyle\int_l^r f_1(a)p_{0,\lambda_1}(x,a)p_{\lambda_1,\lambda_2}(a,z)da} \\
&= \frac{\displaystyle\int_l^r \phi(a,z)\widetilde{p}_{0,\lambda_1}(x,a)p_{\lambda_1,\lambda_2}(a,z)da}{\displaystyle\int_l^r \widetilde{p}_{0,\lambda_1}(x,a)p_{\lambda_1,\lambda_2}(a,z)da}
\end{aligned}$$

avec

$$\widetilde{p}_{0,\lambda_1}(x,a) := f_1(a)p_{0,\lambda_1}(x,a).$$

En posant

$$F_{x,z}(a) := \frac{\displaystyle\int_l^a \widetilde{p}_{0,\lambda_1}(x,v)p_{\lambda_1,\lambda_2}(v,z)dv}{\displaystyle\int_l^r \widetilde{p}_{0,\lambda_1}(x,v)p_{\lambda_1,\lambda_2}(v,z)dv},$$

nous obtenons :

$$K_x(2,z) = \int_l^r \phi(a,z)dF_{x,z}(a) = \int_0^1 \phi\left(F_{x,z}^{-1}(u),z\right)du,$$

puisque $F_{x,z}$ est continue et strictement croissante.
Il suffit alors de montrer que, pour tous $u \in [0,1]$ et $x \in I$,

$$z \mapsto F_{x,z}^{-1}(u) \quad \text{est une fonction croissante.} \tag{3.37}$$

Mais (3.37) est vérifié dès que $z \mapsto F_{x,z}(a)$ est une fonction décroissante pour tout a. En effet, pour tous $z \leq z'$ et tout $u \in [0,1]$, on a :

$$\begin{aligned}
F_{x,z'}\left(F_{x,z}^{-1}(u)\right) &\leq F_{x,z}\left(F_{x,z}^{-1}(u)\right) \quad (\text{car } z \mapsto F_{x,z}(a) \text{ est décroissante pour tous } a \text{ et } x) \\
&= u = F_{x,z'}\left(F_{x,z'}^{-1}(u)\right).
\end{aligned}$$

Comme p_{λ_1,λ_2} est TP_2, alors, pour tout $z \leq z'$ dans I, nous avons :

$$p_{\lambda_1,\lambda_2}(v,z')p_{\lambda_1,\lambda_2}(a,z) \geq p_{\lambda_1,\lambda_2}(v,z)p_{\lambda_1,\lambda_2}(a,z') \quad \text{pour tout } v \geq a,$$

et

$$p_{\lambda_1,\lambda_2}(v,z)p_{\lambda_1,\lambda_2}(a,z') \geq p_{\lambda_1,\lambda_2}(v,z')p_{\lambda_1,\lambda_2}(a,z) \quad \text{pour tout } v \leq a.$$

Ainsi, pour tous a et $z \leq z'$ dans I,

$$\begin{aligned}
\frac{1}{F_{x,z}(a)} &= 1 + \frac{\displaystyle\int_a^r \widetilde{p}_{0,\lambda_1}(x,v)p_{\lambda_1,\lambda_2}(v,z)dv}{\displaystyle\int_l^a \widetilde{p}_{0,\lambda_1}(x,v)p_{\lambda_1,\lambda_2}(v,z)dv} \\
&= 1 + \frac{\displaystyle\int_a^r \widetilde{p}_{0,\lambda_1}(x,v)p_{\lambda_1,\lambda_2}(v,z)p_{\lambda_1,\lambda_2}(a,z')dv}{\displaystyle\int_l^a \widetilde{p}_{0,\lambda_1}(x,v)p_{\lambda_1,\lambda_2}(v,z)p_{\lambda_1,\lambda_2}(a,z')dv} \\
&\leq 1 + \frac{\displaystyle\int_a^r \widetilde{p}_{0,\lambda_1}(x,v)p_{\lambda_1,\lambda_2}(v,z')p_{\lambda_1,\lambda_2}(a,z)dv}{\displaystyle\int_l^a \widetilde{p}_{0,\lambda_1}(x,v)p_{\lambda_1,\lambda_2}(v,z')p_{\lambda_1,\lambda_2}(a,z)dv} \\
&= 1 + \frac{\displaystyle\int_a^r \widetilde{p}_{0,\lambda_1}(x,v)p_{\lambda_1,\lambda_2}(v,z')dv}{\displaystyle\int_l^a \widetilde{p}_{0,\lambda_1}(x,v)p_{\lambda_1,\lambda_2}(v,z')dv} := \frac{1}{F_{x,z'}(a)};
\end{aligned}$$

ce qui prouve que $z \mapsto F_{x,z}(a)$ est une fonction décroissante pour tous x et a.

- **pour $\mathbf{n \geq 3}$** : Supposons que, pour tout $x \in I$ et pour toute fonction appartenant à $\mathcal{J}_{n-1}$, $K_x(n-1,z)$ soit une fonction croissante de z. On pose

$$\overline{X} := (X_{\lambda_1}, \cdots, X_{\lambda_{n-2}}), \quad \overline{a} := (a_1, \cdots, a_{n-2}), \quad (a_k \in I,\ k = 1, \cdots, n-2),$$

et pour tous $\phi \in \mathcal{J}_n$, $y, z \in I$, on définit la fonction $\mathbf{\Phi}(\cdot, y, z) : I^{n-2} \to \mathbb{R}$ par :

$$\mathbf{\Phi}(x_1, \cdots, x_{n-2}, y, z) = \phi(x_1, \cdots, x_{n-2}, y, z).$$

Ainsi, avec $\lambda_0 = 0$ et $a_0 = x$, on a :

$$\begin{aligned}
K_x(n,z) &= \frac{\mathbb{E}_x\left[\mathbf{\Phi}(\overline{X}, X_{\lambda_{n-1}}, z)\prod_{k=1}^n f_k(X_{\lambda_k})\middle| X_{\lambda_n} = z\right]}{\mathbb{E}_x\left[\prod_{k=1}^n f_k(X_{\lambda_k})\middle| X_{\lambda_n} = z\right]} \\
&= \frac{\displaystyle\int_l^r \left(\int_{I^{n-2}} \mathbf{\Phi}(\overline{a}, a_{n-1}, z)\prod_{k=1}^{n-1} f_k(a_k)p_{\lambda_{k-1},\lambda_k}(a_{k-1},a_k)\,da_k\right)p_{\lambda_{n-1},\lambda_n}(a_{n-1},z)}{\displaystyle\int_l^r \left(\int_{I^{n-2}} \prod_{i=1}^{n-1} f_k(a_k)p_{\lambda_{k-1},\lambda_k}(a_{k-1},a_k)\,da_k\right)p_{\lambda_{n-1}-\lambda_n}(a_{n-1},z)}.
\end{aligned}$$

Pour $x \in I$, soient $\varphi_x : I \times I \to \mathbb{R}$ et $\widetilde{p}_{0,\lambda_{n-1}}(x,\cdot) : I \to \mathbb{R}$ les fonctions définies par :

$$\varphi_x(u,v) := \frac{\displaystyle\int_{I^{n-2}} \Phi(\overline{a},u,v)\left(\prod_{k=1}^{n-2} f_k(a_k)p_{\lambda_{k-1},\lambda_k}(a_{k-1},a_k)da_k\right)p_{\lambda_{n-2},\lambda_{n-1}}(a_{n-2},u)}{\displaystyle\int_{I^{n-2}}\left(\prod_{k=1}^{n-2} f_k(a_k)p_{\lambda_{k-1},\lambda_k}(a_{k-1},a_k)da_k\right)p_{\lambda_{n-2},\lambda_{n-1}}(a_{n-2},u)}$$

$$= \frac{\mathbb{E}_x\left[\Phi(\overline{X},u,v)\prod_{k=1}^{n-1} f_k(X_{\lambda_k})\middle| X_{\lambda_{n-1}} = u\right]}{\mathbb{E}_x\left[\prod_{k=1}^{n-1} f_k(X_{\lambda_k})\middle| X_{\lambda_{n-1}} = u\right]}$$

et

$$\widetilde{p}_{0,\lambda_{n-1}}(x,u) = \int_{I^{n-2}}\left(\prod_{k=1}^{n-2} f_k(a_k)p_{\lambda_{k-1},\lambda_k}(a_{k-1},a_k)da_k\right)f_{n-1}(u)p_{\lambda_{n-2},\lambda_{n-1}}(a_{n-2},u),$$

avec $a_0 = x$ et $\lambda_0 = 0$.
Alors,

i) puisque $\phi \in \mathcal{J}_n$, il découle de l'hypothèse de récurrence que $\varphi_x \in \mathcal{J}_2$.

ii) On a :

$$K_x(n,z) = \frac{\displaystyle\int_l^r \varphi_x(a_{n-1},z)\widetilde{p}_{0,\lambda_{n-1}}(x,a_{n-1})p_{\lambda_{n-1},\lambda_n}(a_{n-1},z)\,da_{n-1}}{\displaystyle\int_l^r \widetilde{p}_{0,\lambda_{n-1}}(x,a_{n-1})p_{\lambda_{n-1},\lambda_n}(a_{n-1},z)\,da_{n-1}}$$

qui est une fonction croissante de z d'après le cas $n = 2$ traité ci-dessus. En effet, $p_{\lambda_{n-1},\lambda_n}$ étant TP_2, on montre que, pour tout $a \in I$,

$$\widetilde{F}_{x,z}(a) := \frac{\displaystyle\int_l^a \widetilde{p}_{0,\lambda_{n-1}}(x,a_{n-1})p_{\lambda_{n-1},\lambda_n}(a_{n-1},z)\,da_{n-1}}{\displaystyle\int_l^r \widetilde{p}_{0,\lambda_{n-1}}(x,a_{n-1})p_{\lambda_{n-1},\lambda_n}(a_{n-1},z)\,da_{n-1}}$$

est une fonction décroissante de z.

□

En vertu du Lemme 3.45, la preuve du Théorème 3.43 se réduit donc à montrer l'équivalence des propriétés (MCG) et $(\widetilde{MCG})$. Pour cela, nous avons besoin du résultat suivant :

Lemme 3.46. *On suppose que l'intervalle I et le processus $X := (X_\lambda, \lambda \geq 0)$ sont choisis comme dans le Théorème 3.43. Soit $f : I \to \mathbb{R}_+$ une fonction continue et strictement positive telle que :*

$$\forall \lambda \geq 0,\ \mathbb{E}[f(X_\lambda)] < \infty.$$

Alors, pour tout $x_0 \in I$, tous $0 \leq \zeta < \eta$, et pour toute fonction $\phi : I \to \mathbb{R}$ continue, bornée et croissante,

$$x \longmapsto \frac{\mathbb{E}_{x_0}[\phi(X_\eta)f(X_\eta)|X_\zeta = x]}{\mathbb{E}_{x_0}[f(X_\eta)|X_\zeta = x]} \quad \textit{est une fonction croissante.} \tag{3.38}$$

Démonstration.
Observons que :

$$\frac{\mathbb{E}_{x_0}[\phi(X_\eta)f(X_\eta)|X_\zeta = x]}{\mathbb{E}_{x_0}[f(X_\eta)|X_\zeta = x]} = \frac{\displaystyle\int_l^r \phi(y)f(y)p_{\zeta,\eta}(x,y)dy}{\displaystyle\int_l^r f(y)p_{\zeta,\eta}(x,y)dy}.$$

Comme dans la preuve du Lemme 3.45, nous supposons sans perte de généralité que $p_{\zeta,\eta}$ est continue et strictement positive. Nous utilisons ensuite la propriété TP_2 de $p_{\zeta,\eta}$ pour montrer que :

$$\forall\, a \in I, \quad x \longmapsto \frac{\displaystyle\int_l^a f(y)p_{\zeta,\eta}(x,y)dy}{\displaystyle\int_l^r f(y)p_{\zeta,\eta}(x,y)dy} \quad \text{est décroissante ;}$$

ce qui implique (3.38). □

Démonstration du Théorème 3.43.
Nous nous proposons d'établir l'équivalence entre les propriétés (MCG) et $(\widetilde{MCG})$. Puisque (MCG) implique $(\widetilde{MCG})$, il suffit de prouver la réciproque.
Soit $i < n$ fixé. Grâce au Lemme 3.46, nous montrons par récurrence descendante que pour tout $m \in \{i, i+1, \cdots, n\}$, il existe $\phi_m : I^m \to \mathbb{R}$ dans $\mathcal{J}_m$, $\widehat{f}_m : I \to \mathbb{R}_+$ continue et strictement positive, tels que :

$$K_{i,x}(n,z) = \frac{\mathbb{E}_x\left[\phi_m(X_{\lambda_1}, \cdots, X_{\lambda_m})\widehat{f}_m(X_{\lambda_m})\prod_{k=1}^{m-1} f_k(X_{\lambda_k})\middle| X_{\lambda_i} = z\right]}{\mathbb{E}_x\left[\widehat{f}_m(X_{\lambda_m})\prod_{k=1}^{m-1} f_k(X_{\lambda_k})\middle| X_{\lambda_i} = z\right]}. \tag{3.39}$$

Si $m = n$, nous avons (3.39) avec $\phi_n = \phi$ et $\widehat{f}_n = f_n$.
Supposons donc qu'on ait (3.39) pour un nombre $m \in \{i+1, \cdots, n\}$ et montrons que (3.39) est satisfaite au rang $m-1$.
En effet, si $\mathcal{F}_{\lambda_{m-1}} = \sigma(X_\zeta;\, 0 \le \zeta \le \lambda_{m-1})$, alors nous avons :

$$K_{i,x}(n,z) = \frac{\mathbb{E}_x\left[\mathbb{E}_x\left[\phi_m(X_{\lambda_1}, \cdots, X_{\lambda_m})\widehat{f}_m(X_{\lambda_m})\prod_{k=1}^{m-1} f_k(X_{\lambda_k})\middle| \mathcal{F}_{\lambda_{m-1}}\right]\middle| X_{\lambda_i} = z\right]}{\mathbb{E}_x\left[\mathbb{E}_x\left[\widehat{f}_m(X_{\lambda_m})\prod_{k=1}^{m-1} f_k(X_{\lambda_k})\middle| \mathcal{F}_{\lambda_{m-1}}\right]\middle| X_{\lambda_i} = z\right]}$$

$$= \frac{\mathbb{E}_x\left[\displaystyle\int_l^r \phi_m(X_{\lambda_1}, \cdots, X_{\lambda_{m-1}}, y)\widehat{f}_m(y)P_{\lambda_{m-1},\lambda_m}(X_{\lambda_{m-1}}, dy)\prod_{k=1}^{m-1} f(X_{\lambda_k})\middle| X_{\lambda_i} = z\right]}{\mathbb{E}_x\left[\displaystyle\int_l^r \widehat{f}_m(y)P_{\lambda_{m-1},\lambda_m}(X_{\lambda_{m-1}}, dy)\prod_{k=1}^{m-1} f(X_{\lambda_k})\middle| X_{\lambda_i} = z\right]}$$

Considérons les fonctions $\phi_{m-1} : I^{m-1} \to \mathbb{R}$ et $\widehat{f}_{m-1} : I \to \mathbb{R}_+$ définies respectivement par :

$$\phi_{m-1}(x_1, \cdots, x_{m-1}) = \frac{\displaystyle\int_l^r \phi_m(x_1, \cdots, x_{m-1}, y)\widehat{f}_m(y)P_{\lambda_{m-1},\lambda_m}(x_{m-1}, dy)}{\displaystyle\int_l^r \widehat{f}_m(y)P_{\lambda_{m-1},\lambda_m}(x_{m-1}, dy)}$$
$$= \frac{\mathbb{E}_x\left[\phi_m(x_1, \cdots, x_{m-1}, X_{\lambda_m})\widehat{f}_m(X_{\lambda_m})\Big| X_{\lambda_{m-1}} = x_{m-1}\right]}{\mathbb{E}_x\left[\widehat{f}_m(X_{\lambda_m})\Big| X_{\lambda_{m-1}} = x_{m-1}\right]}$$

et

$$\widehat{f}_{m-1}(x) = f_{m-1}(x)\int_l^r \widehat{f}_m(y)P_{\lambda_{m-1},\lambda_m}(x, dy).$$

Alors, on déduit du Lemme 3.46 que $\phi_{m-1} \in \mathcal{J}_{m-1}$. D'autre part, nous avons :

$$K_{i,x}(n, z) = \frac{\mathbb{E}_x\left[\phi_{m-1}(X_{\lambda_1}, \cdots, X_{\lambda_{m-1}})\widehat{f}_{m-1}(X_{\lambda_{m-1}})\prod_{k=1}^{m-2} f_k(X_{\lambda_k})\Big| X_{\lambda_i} = z\right]}{\mathbb{E}_x\left[\widehat{f}_{m-1}(X_{\lambda_{m-1}})\prod_{k=1}^{m-2} f_k(X_{\lambda_k})\Big| X_{\lambda_i} = z\right]}.$$

En particulier, pour $m = i + 1$, il existe $\phi_i \in \mathcal{J}_i$ et $\widehat{f}_i : I^i \to \mathbb{R}_+$ continue et strictement positive, telles que :

$$K_{i,x}(n, z) = \frac{\mathbb{E}_x\left[\phi_i(X_{\lambda_1}, \cdots, X_{\lambda_i})\widehat{f}_i(X_{\lambda_i})\prod_{k=1}^{i-1} f_k(X_{\lambda_k})\Big| X_{\lambda_i} = z\right]}{\mathbb{E}_x\left[\widehat{f}_i(X_{\lambda_i})\prod_{k=1}^{i-1} f_k(X_{\lambda_k})\Big| X_{\lambda_i} = z\right]}.$$

Nous en déduisons que $(\widetilde{MCG})$ implique (MCG) ; ce qui achève la preuve du Théorème 3.43. □

3.4 Peacocks construits à partir de processus de Markov à noyaux de transition totalement positifs

Considérons un intervalle $I :=]l, r[$, où $-\infty \leq l < r \leq +\infty$, et $X := (X_\lambda, \lambda \geq 0; \mathbb{P}_x, x \in I)$ un processus de Markov à valeurs dans I dont la fonction de transition $P_{\zeta,\eta}(x, dy)$ vérifie :

$$\forall\, 0 \leq \zeta < \eta,\ x \in I, \quad P_{\zeta,\eta}(x, dy) = p_{\zeta,\eta}(x, y)dy, \tag{3.40}$$

et

$$\forall\, 0 \leq \zeta < \eta, \quad p_{\zeta,\eta} \ \text{ est continue et } \mathrm{TP}_2. \tag{3.41}$$

Voici des exemples de peacocks obtenus à partir des processus de Markov X satisfaisant (3.40) et (3.41).

3.4.1 Peacocks obtenus par intégration contre une mesure positive finie

Le résultat suivant est une conséquence du Théorème 1.9 et de la propriété de monotonie conditionnelle du processus X (voir Théorème 3.43 et Remarque 3.44).

Théorème 3.47. *Soit X un processus de Markov à valeurs dans I, continu à droite, tel que sa fonction de transition $P_{\zeta,\eta}(x, dy)$ satisfait (3.40) et (3.41). On suppose en outre que les conditions d'intégrabilité (INT1) et (INT2) sont vérifiées. Posons $h_{\lambda,x}(t) = \log \mathbb{E}_x [\exp(tX_\lambda)]$, pour tous $t, \lambda \in \mathbb{R}_+$ et pour tout $x \in I$.*
Alors, pour tout $x \in I$ et pour toute mesure positive finie μ sur $\mathbb{R}_+$,

$$\left(A_t^{(X,\mu)} := \int_0^\infty e^{tX_\lambda - h_{\lambda,x}(t)} \mu(d\lambda), t \geq 0\right) \text{ est un peacock (sous } \mathbb{P}_x). \tag{3.42}$$

Voici quelques exemples :

Exemple 3.48. (Les processus à accroissements indépendants et log-concaves).
Soit $X := (X_\lambda, \lambda \geq 0)$ un processus à accroissements indépendants et log-concaves à valeurs dans un intervalle I de $\mathbb{R}$. Alors X est un processus de Markov dont la fonction de transition est définie par :

$$P_{\zeta,\eta}(x, dy) = p_{\zeta,\eta}(y - x)dy,$$

où $p_{\zeta,\eta}$ désigne la densité de l'accroissement $X_\eta - X_\zeta$.
D'après le Théorème 3.43, X est conditionnellement monotone. Et si nous supposons que X est continu à droite et satisfait aux hypothèses (INT1) et (INT2) du Théorème 1.9, alors on en déduit que, pour toute mesure positive finie μ sur $\mathbb{R}_+$,

$$\left(A_t^{(\mu)} := \int_0^\infty e^{tX_\lambda - h_\lambda(t)} \mu(d\lambda), t \geq 0\right) \text{ est un peacock,}$$

où, pour tous $\lambda, t \in \mathbb{R}_+$, $h_\lambda(t) := \log \mathbb{E}\left[e^{tX_\lambda}\right]$.

Exemple 3.49. (Les processus à accroissements indépendants symétriques et PF_∞).
Soit $(X_\lambda, \lambda \geq 0)$ un processus à accroissements indépendants et PF_∞ issu de 0 (voir Section 3.2.3). Alors $(|X_\lambda|, \lambda \geq 0)$ est un processus de Markov ayant pour densités de transitions les fonctions $p^*_{\zeta,\eta}$ $(0 \leq \zeta < \eta)$ données par :

$$\forall\, x, y \geq 0, \quad p^*_{\zeta,\eta}(x, y) = p_{\zeta,\eta}(-x + y) + p_{\zeta,\eta}(-x - y),$$

où $p_{\zeta,\eta}$ est la densité de l'accroissement $X_\eta - X_\zeta$.
Supposons en outre que $(|X_\lambda|, \lambda \geq 0)$ est continu à droite et vérifie (INT1). On pose $h^*_\lambda(t) = \log \mathbb{E}[\exp(t|X_\lambda|)]$. Alors, pour toute mesure positive finie μ sur $\mathbb{R}_+$,

$$\left(A_t^{(\mu)} := \int_0^\infty e^{t|X_\lambda| - h^*_\lambda(t)} \mu(d\lambda), t \geq 0\right) \text{ est un peacock.}$$

Exemple 3.50. (Les diffusions homogènes).
Si X est une diffusion homogène à valeurs dans I satisfaisant aux conditions (INT1) et (INT2), et si sa fonction de transition $(P_t(x,dy), t \geq 0, x \in I)$ vérifie (3.40) et (3.41), alors, pour tout $x \in I$ et pour toute mesure positive finie μ sur $\mathbb{R}_+$,

$$\left(A_t^{(X,\mu)} := \int_0^t e^{tX_\lambda - h_{\lambda,x}(t)}\, \mu(d\lambda), t \geq 0\right) \text{ est un peacock (sous } \mathbb{P}_x).$$

En particulier, si X est un mouvement brownien avec dérive, un processus d'Ornstein-Uhlenbeck, un carré de Bessel de dimension $\delta > 0$ ou un processus de Bessel de dimension $\delta > 0$, alors $\left(A_t^{(X,\mu)}, t \geq 0\right)$ est un peacock.

Notons que pour certains de ces processus, les résultats du Chapitre 1 ne s'appliquent pas. Nous avons en effet montré au Chapitre 1 que $\left(A_t^{(X,\mu)}, t \geq 0\right)$ est un peacock si X est "bien réversible" à temps fixe, ce qui n'est pas (par exemple) le cas des processus de Bessel de dimension $\delta \in]0,2[$.

Exemple 3.51. (Les ponts de diffusions homogènes).
Soit X une diffusion homogène à valeurs dans $I =]l, r[$ telle que sa fonction de transition $(P_t(x,dy), t \geq 0, x \in I)$ vérifie (3.40) et (3.41). On suppose que p_t est strictement positive pour tout $t \geq 0$, et que X vérifie (INT1) et (INT2).
Pour tous $a, b \in I$ et $\lambda > 0$, on appelle pont de X de longueur λ, de a à b la diffusion $\left(X_\zeta^{a,\lambda,b}, 0 \leq \zeta \leq \lambda\right)$ ayant pour fonction de transition $P_{\zeta,\eta}^{a,\lambda,b}(x,dy)$ définie par :

$$\forall\, 0 \leq \zeta < \eta \leq \lambda,\ x \in I, \quad P_{\zeta,\eta}^{a,\lambda,b}(x,dy) = q_{\zeta,\eta}(x,y)dy,$$

où

$$\forall\, y \in I, \quad q_{\zeta,\eta}(x,y) = \frac{p_{\eta-\zeta}(x,y)p_{\lambda-\eta}(y,b)}{p_{\lambda-\zeta}(x,b)},$$

(voir [FPY93] pour une définition rigoureuse des ponts de processus de Markov).

Comme p_t est TP_2, continue et strictement positive pour tout $t \geq 0$, alors, pour tous $0 \leq \zeta < \eta \leq \lambda$, la fonction $q_{\zeta,\eta}$ est TP_2, continue et strictement positive. En appliquant le Théorème 3.47, nous déduisons que :

$$\left(A_t^{(\mu)} := \int_0^\lambda e^{tX_\zeta^{a,\lambda,b} - h^{a,\lambda,b}(\zeta,t)} \mu(d\zeta), t \geq 0\right) \text{ est un peacock,}$$

où μ est une mesure positive finie sur $[0,\lambda]$ et $h^{a,\lambda,b}(\zeta,t) = \log \mathbb{E}\left[e^{tX_\zeta^{a,\lambda,b}}\right]$.

Notons qu'il existe des processus de Markov conditionnellement monotones dont les fonctions de transitions ne sont pas TP_2. Les exemples que nous donnons sont ceux de processus à accroissements indépendants mais pas log-concaves. Nous utilisons pour cela le résultat ci-après :

Proposition 3.52. *Pour un processus à accroissements indépendants $(X_\lambda, \lambda \geq 0)$, la propriété de monotonie conditionnelle est équivalente à la condition suivante : Pour tout $n \in \mathbb{N}^*$, tout $0 \leq \lambda_1 < \cdots < \lambda_n$ et toute fonction $\phi : \mathbb{R}^n \to \mathbb{R}$ appartenant à $\mathcal{I}_n$,*

$$\mathbb{E}\left[\phi(X_{\lambda_1}, \cdots, X_{\lambda_n}) | X_{\lambda_n}\right] = \phi_n(X_{\lambda_n}), \qquad (\widetilde{CM})$$

où ϕ_n est une fonction croissante.

Démonstration.
Nous rappelons que $\mathcal{I}_n$ désigne l'ensemble des fonctions $\phi : \mathbb{R}^n \to \mathbb{R}$ continues, bornées et croissantes en chacun de leurs arguments.
Pour $n \in \mathbb{N}^*$, $i \in \{1, \cdots, n\}$ et $\phi \in \mathcal{I}_n$, l'hypothèse d'accroissements indépendants implique :

$$\begin{aligned}
&\mathbb{E}\left[\phi(X_{\lambda_1}, \cdots, X_{\lambda_n})|X_{\lambda_i}\right] \\
&= \mathbb{E}\left[\mathbb{E}[\phi(X_{\lambda_1}, \cdots, X_{\lambda_n})|\mathcal{F}_{\lambda_i}]|X_{\lambda_i}\right] \ (\text{où } \mathcal{F}_{\lambda_i} = \sigma(X_u;\, u \leq \lambda_i)) \\
&= \mathbb{E}\left[\mathbb{E}[\phi(X_{\lambda_1}, \cdots, X_{\lambda_i}, X_{\lambda_{i+1}} - X_{\lambda_i} + X_{\lambda_i}, \cdots, X_{\lambda_n} - X_{\lambda_i} + X_{\lambda_i})|\mathcal{F}_{\lambda_i}]|X_{\lambda_i}\right] \\
&= \mathbb{E}\left[\widetilde{\phi}(X_{\lambda_1}, \cdots, X_{\lambda_i})|X_{\lambda_i}\right],
\end{aligned}$$

où

$$\widetilde{\phi} : (x_1, \cdots, x_i) \mapsto \mathbb{E}[\phi(x_1, \cdots, x_i, X_{\lambda_{i+1}} - X_{\lambda_i} + x_i, \cdots, X_{\lambda_n} - X_{\lambda_i} + x_i)]$$

appartient à $\mathcal{I}_i$. □

Les exemples dont il s'agit sont ceux du processus Gamma et de la marche aléatoire simple.

Exemple 3.53. (Le subordinateur Gamma).
Le subordinateur Gamma $(\gamma_\lambda, \lambda \geq 0)$ est le processus de Lévy croissant caractérisé par :

$$\mathbb{E}\left[e^{-t\gamma_\lambda}\right] = \frac{1}{(1+t)^\lambda} = \exp\left(-\lambda \int_0^\infty (1 - e^{-tx})\frac{e^{-x}}{x}dx\right).$$

En particulier, γ_λ est une v.a. gamma de paramètre λ. D'après la proposition 3.52, il suffit de montrer que pour tout $n \in \mathbb{N}^*$, tout $0 \leq \lambda_1 < \cdots < \lambda_n$ et toute fonction $\phi : \mathbb{R}^n \to \mathbb{R}$ dans $\mathcal{I}_n$:

$$\mathbb{E}[\phi(\gamma_{\lambda_1}, \cdots, \gamma_{\lambda_n})|\gamma_{\lambda_n}] = \phi_n(\gamma_{\lambda_n}), \text{ (où } \phi_n \text{ est une fonction croissante.)}$$

Mais d'après [ÉY04], le pont gamma $\left(\Pi_u := \dfrac{\gamma_u}{\gamma_{\lambda_n}}, u \leq \lambda_n\right)$ est indépendant de γ_{λ_n}. Ainsi, on a :

$$\mathbb{E}[\phi(\gamma_{\lambda_1}, \cdots, \gamma_{\lambda_n})|\gamma_{\lambda_n = x}] = \mathbb{E}[\phi(x\Pi_{\lambda_1}, \cdots, x\Pi_{\lambda_{n-1}}, x)]$$

qui est une fonction croissante de x.

Corollaire 3.54. *On suppose que* $X := (X_\lambda, \lambda \geq 0)$ *désigne le processus Gamma et que* $\varphi : \mathbb{R}_+ \to \mathbb{R}$ *est une fonction croissante telle que le processus* $(\varphi(X_\lambda), \lambda \geq 0)$ *satisfait aux conditions (INT1) et (INT2). Pour tous* $\lambda, t \geq 0$, *on pose* $h_{\lambda,\varphi}(t) := \log \mathbb{E}\left[e^{t\varphi(X_\lambda)}\right]$. *Alors, pour toute mesure positive finie* μ *sur* $\mathbb{R}_+$,

$$\left(A_t^{(\mu,\varphi)} := \int_0^\infty e^{t\varphi(X_\lambda) - h_{\lambda,\varphi}(t)}\mu(d\lambda), t \geq 0\right) \text{ est un peacock.}$$

Exemple 3.55. (La marche aléatoire simple).
Soit $(\varepsilon_i, i \in \mathbb{N}^*)$ une suite de v.a. i.i.d telles que, pour tout $i \in \mathbb{N}^*$:

$$\mathbb{P}(\varepsilon_i = 1) = p,\ \mathbb{P}(\varepsilon_i = -1) = q \text{ avec } p, q > 0 \text{ et } p + q = 1.$$

On définit la marche aléatoire $(S_n, n \in \mathbb{N})$ par $S_0 = 0$ et

$$S_n = \sum_{i=1}^{n} \varepsilon_i, \text{ pour tout } n \in \mathbb{N}^*.$$

Alors, $(S_n, n \in \mathbb{N})$ est conditionnellement monotone.

Démonstration.
Nous allons prouver que pour tout $r \in [\![2, +\infty[\![$, tout $0 \leq n_1 < n_2 < \cdots < n_r < +\infty$ et toute fonction $\phi : \mathbb{R}^{r-1} \to \mathbb{R}$ dans $\mathcal{I}_{r-1}$,

$$k \in I_{n_r} \mapsto \mathbb{E}[\phi(S_{n_1}, S_{n_2}, \cdots, S_{n_r - 1}) | S_{n_r} = k] \quad \text{est une fonction croissante sur } I_{n_r}, \tag{3.43}$$

où $I_x \subset [\![-x, x]\!]$ représente l'ensemble des valeurs que peut prendre la v.a. S_x.
Observons que (3.43) est vérifiée si et seulement si : pour tout $N \in [\![2, +\infty[\![$ et toute fonction $\phi : \mathbb{R}^{N-1} \to \mathbb{R}$ dans $\mathcal{I}_{N-1}$:

$$k \in I_N \mapsto \mathbb{E}[\phi(S_1, \cdots, S_{N-1}) | S_N = k] \quad \text{est une fonction croissante sur } I_N.$$

Nous allons donc distinguer deux cas :

1) Si N et k sont pairs, on pose $N = 2n$ ($n \in [\![1, +\infty[\![$) et $k = 2x$ ($x \in [\![-n, n]\!]$). Pour tout $n \in [\![1, +\infty[\![$ et tout $x \in [\![-n, n]\!]$, notons $\mathcal{P}_{2n}^{2x}$, l'ensemble des lignes polygonales $\omega := (\omega_i, i \in [\![0, 2n]\!])$ telles que $\omega_0 = 0$, $\omega_{p+1} = \omega_p \pm 1$, ($p \in [\![0, 2n-1]\!]$) et $\omega_{2n} = 2x$. Remarquons que tout $\omega \in \mathcal{P}_{2n}^{2x}$ possède $n + x$ pentes positives et $n - x$ pentes négatives. Ainsi,

$$|\mathcal{P}_{2n}^{2x}| = C_{2n}^{n+x},$$

où $|\cdot|$ représente le cardinal de l'ensemble $\mathcal{P}_{2n}^{2x}$. En outre, conditionnellement à $\{S_{2n} = 2x\}$, la loi du vecteur aléatoire $(S_0, S_1, \cdots, S_{2n})$ est la loi uniforme sur $\mathcal{P}_{2n}^{2x}$.
Soient $n \in [\![1, +\infty[\![$ et $x \in [\![-n, n]\!]$ fixés. Considérons l'application

$$\Pi_i : \mathcal{P}_{2n}^{2x+2} \to \mathcal{P}_{2n}^{2x}$$

définie par : pour tout $\omega \in \mathcal{P}_{2n}^{2x+2}$, $\Pi_i(\omega)$ a les mêmes pentes négatives et les mêmes pentes positives que ω excepté la i^{me} pente positive qui est remplacée par une pente négative.
Pour tout $\omega \in \mathcal{P}_{2n}^{2x+2}$ et toute fonction $\phi : \mathbb{R}^{2n} \to \mathbb{R}$ dans $\mathcal{I}_{2n}$,

$$\phi(\omega) \geq \phi(\Pi_i(\omega)).$$

En sommant cette relation, on obtient :

$$\begin{aligned}
(n + x + 1) \sum_{\omega \in \mathcal{P}_{2n}^{2x+2}} \phi(\omega) &\geq \sum_{\omega \in \mathcal{P}_{2n}^{2x+2}} \sum_{i=1}^{n+x+1} \phi(\Pi_i(\omega)) \\
&= \sum_{\omega \in \mathcal{P}_{2n}^{2x}} \sum_{i=1}^{n+x+1} |\Pi_i^{-1}(\omega)| \phi(\omega) \\
&= (n - x) \sum_{\omega \in \mathcal{P}_{2n}^{2x}} \phi(\omega).
\end{aligned}$$

Nous avons ainsi prouvé que pour tout $n \in \mathbb{N}^*$ et toute fonction $\phi : \mathbb{R}^{2n} \to \mathbb{R}$ dans $\mathcal{I}_{2n}$,

$$\frac{1}{|\mathcal{P}_{2n}^{2x+2}|} \sum_{\omega \in \mathcal{P}_{2n}^{2x+2}} \phi(\omega) \geq \frac{1}{|\mathcal{P}_{2n}^{2x}|} \sum_{\omega \in \mathcal{P}_{2n}^{2x}} \phi(\omega);$$

ce qui signifie que $(S_{2n}, n \in \mathbb{N})$ est conditionnellement monotone.

2) En procédant de même, il n'est pas difficile d'établir un résultat similaire lorsque k et N sont impairs. □

Corollaire 3.56. *Soient $X := (X_n, n \in \mathbb{N})$ est une marche aléatoire simple et $\varphi : \mathbb{R}_+ \to \mathbb{R}$ une fonction croissante telle que le processus $(\varphi(X_n), n \geq 0)$ vérifie (INT1) et (INT2). Pour tous $n \in \mathbb{N}$ et $t \geq 0$, on définit $h_{n,\varphi}(t) := \log \mathbb{E}\left[e^{t\varphi(X_n)}\right]$. Alors, pour toute mesure positive finie $\sum\limits_{n \in \mathbb{N}} a_n \delta_n$ (δ_n désignant la mesure de Dirac au point n),*

$$\left(A_t^{(\varphi)} := \sum_{n \in \mathbb{N}} a_n e^{t\varphi(X_n) - h_{n,\varphi}(t)}, t \geq 0\right) \quad \textit{est un peacock.}$$

3.4.2 Peacocks obtenus par centrage

Le résultat qui suit est une conséquence du Théorème 1.39 qui s'applique en particulier aux processus à noyaux de transition TP_2, puisqu'ils sont conditionnellement monotones (voir Théorème 3.43 et Remarque 3.44).

Théorème 3.57. *Soit X un processus de Markov à valeurs dans I, continu à droite, tel que sa fonction de transition $P_{s,t}(x, dy)$ satisfait (3.40) et (3.41). Soit $q : \mathbb{R}_+ \times I \to \mathbb{R}_+$ une fonction positive et continue telle que : pour tous $s \geq 0$ et $x \in I$, $q_s : y \in I \mapsto q(s, y)$ est croissante et $\mathbb{E}_x[q(s, X_s)] > 0$. Soit $\theta : \mathbb{R}_+ \to \mathbb{R}_+$ une fonction positive, convexe croissante, de classe $\mathcal{C}^1$, satisfaisant :*

$$\forall t \geq 0, \quad \mathbb{E}_x\left[\theta\left(\int_0^t q(s, X_s)ds\right)\right] < \infty \tag{3.44}$$

et

$$\forall a > 0, \quad \mathbb{E}_x\left[\sup_{0<t\leq a} q(t, X_t)\theta'\left(\int_0^t q(s, X_s)ds\right)\right] < \infty. \tag{3.45}$$

Pour tout $x \in I$, on pose $h_x(t) := \mathbb{E}_x\left[\theta\left(\int_0^t q(s, X_s)ds\right)\right]$. Alors :

$$\left(C_t := \theta\left(\int_0^t q(s, X_s)ds\right) - h_x(t), t \geq 0\right) \quad \textit{est un peacock.}$$

Remarque 3.58. *Le Théorème 3.57 s'applique aux exemples 3.48, 3.49, 3.50 et 3.51.*

Le Théorème 1.39 s'applique également au processus Gamma qui est conditionnellement monotone (voir Exemple 3.53) :

Proposition 3.59. *Soit $X := (X_t, t \geq 0)$ le processus Gamma, et soit $q : \mathbb{R}_+ \times \mathbb{R}_+ \to \mathbb{R}_+$ une fonction positive et continue telle que : pour tous $s \geq 0$, $q_s : y \mapsto q(s,y)$ est croissante et $\mathbb{E}[q(s,X_s)] > 0$. Soit $\theta : \mathbb{R}_+ \to \mathbb{R}_+$ une fonction positive, convexe croissante, de classe $\mathcal{C}^1$, satisfaisant :*

$$\forall t \geq 0, \quad \mathbb{E}_x\left[\theta\left(\int_0^t q(s,X_s)ds\right)\right] < \infty \tag{3.46}$$

et

$$\forall a > 0, \quad \mathbb{E}_x\left[\sup_{0<t\leq a} q(t,X_t)\theta'\left(\int_0^t q(s,X_s)ds\right)\right] < \infty. \tag{3.47}$$

Pour tout $x \in I$, on pose $h_x(t) := \mathbb{E}_x\left[\theta\left(\int_0^t q(s,X_s)ds\right)\right]$. Alors :

$$\left(C_t := \theta\left(\int_0^t q(s,X_s)ds\right) - h_x(t), t \geq 0\right) \text{ est un peacock.}$$

3.4.3 Peacocks obtenus par normalisation

Voici une première famille de peacocks obtenu grâce au Théorème 3.43 et pour laquelle l'hypothèse de monotonie conditionnelle (MC) ne s'applique pas.

Théorème 3.60. *Soit X un processus de Markov à valeurs dans I, continu à droite, ayant une fonction de transition qui satisfait (3.40) et (3.41). Soient μ une mesure de Radon positive sur $\mathbb{R}_+$ et $q : \mathbb{R}_+ \times I \to \mathbb{R}$ une fonction continue telle que, pour tout $t \geq 0$:*

i) $y \in I \longmapsto q(t,y)$ est croissante (resp. décroissante),

ii) pour tout $x \in I$,

$$\Theta_t := \exp\left(\mu([0,t]) \sup_{0\leq s\leq t} q(s,X_s)\right) \text{ est } \mathbb{P}_x\text{-intégrable} \tag{INH1}$$

et

$$\Delta_t := \mathbb{E}_x\left[\exp\left(\mu([0,t]) \inf_{0\leq s\leq t} q(s,X_s)\right)\right] > 0. \tag{INH2}$$

Alors, pour tout $x \in I$,

$$\left(N_t := \frac{\exp\left(\int_0^t q(s,X_s)\,\mu(ds)\right)}{\mathbb{E}_x\left[\exp\left(\int_0^t q(s,X_s)\,\mu(ds)\right)\right]}, t \geq 0\right) \text{ est un peacock sous } \mathbb{P}_x. \tag{3.48}$$

Démonstration.
Nous prouvons ce théorème seulement dans le cas où $y \in I \longmapsto q(\lambda, y)$ est croissante. Soit $T > 0$ fixé. On note $\mathcal{J}_n$ l'ensemble des fonctions $\phi : I^n \to \mathbb{R}$ continues, bornées et croissantes en chaque argument.

1) Nous supposons d'abord que μ est de la forme :

$$1_{[0,T]}d\mu = \sum_{i=1}^r a_i \delta_{\lambda_i}, \tag{3.49}$$

où $r \in [\![2, \infty[\![$, $a_1 \geq 0, a_2 \geq 0, \dots, a_r \geq 0$, $\sum_{i=1}^r a_i = \mu([0,T])$, $0 \leq \lambda_1 < \lambda_2 < \cdots < \lambda_r \leq T$, et où δ_{λ_i} est la mesure de Dirac au point λ_i.
Montrons que, pour tout $x \in I$ fixé :

$$\left(N_n := \exp\left(\sum_{i=1}^n a_i q(\lambda_i, X_{\lambda_i}) - h_x(n)\right), n \in [\![1, r]\!]\right) \text{ est un peacock,}$$

où

$$h_x(n) := \log \mathbb{E}_x\left[\exp\left(\sum_{i=1}^n a_i q(\lambda_i, X_{\lambda_i})\right)\right], \text{ pour tout } n \in [\![1, r]\!].$$

Notons que :

$$\mathbb{E}_x[N_n - N_{n-1}] = 0, \text{ pour tout } n \in [\![2, r]\!]$$

avec

$$N_n - N_{n-1} = N_{n-1}\left(e^{a_n q(\lambda_n, X_{\lambda_n}) - h_x(n) + h_x(n-1)} - 1\right) = N_{n-1}\left(e^{\widetilde{q}_n(X_{\lambda_n})} - 1\right)$$

et

$$\widetilde{q}_n(y) = a_n q(\lambda_n, y) - h_x(n) + h_x(n-1).$$

Pour toute fonction convexe $\psi \in \mathbf{C}$, nous obtenons alors :

$$\begin{aligned}\mathbb{E}_x[\psi(N_n)] - \mathbb{E}_x[\psi(N_{n-1})] &\geq \mathbb{E}_x\left[\psi'(N_{n-1})N_{n-1}\left(e^{\widetilde{q}_n(X_{\lambda_n})} - 1\right)\right] \\ &= \mathbb{E}_x\left[K(n, X_{\lambda_n})\mathbb{E}_x[N_{n-1}|X_{\lambda_n}]\left(e^{\widetilde{q}_n(X_{\lambda_n})} - 1\right)\right],\end{aligned}$$

où

$$K_x(n, z) = \frac{\mathbb{E}_x[\psi'(N_{n-1})N_{n-1}|X_{\lambda_n} = z]}{\mathbb{E}_x[N_{n-1}|X_{\lambda_n} = z]}.$$

Observons que la fonction $\phi : \mathbb{R}^{n-1} \to \mathbb{R}_+$ définie par :

$$\phi(x_1, \dots, x_{n-1}) = \psi'\left[\exp\left(\sum_{i=1}^{n-1} a_i q(\lambda_i, x_i) - h_x(n-1)\right)\right]$$

appartient à $\mathcal{I}_{n-1}$. Si pour $i \in \mathbb{N}^*$, on définit :

$$f_i(y) = e^{a_i q(\lambda_i, x)}, \text{ pour tout } y \in \mathbb{R};$$

alors, pour tout $n \in [\![2, r]\!]$, on a :

$$N_{n-1} = e^{-h_x(n-1)} \prod_{k=1}^{n-1} f_k(X_{\lambda_k}).$$

Ainsi,

$$K_x(n, z) = \frac{\mathbb{E}_x\left[\phi(X_{\lambda_1}, \dots, X_{\lambda_{n-1}}) \prod_{k=1}^{n-1} f_k(X_{\lambda_k}) \middle| X_{\lambda_n} = z\right]}{\mathbb{E}_x\left[\prod_{k=1}^{n-1} f_k(X_{\lambda_k}) \middle| X_{\lambda_n} = z\right]}.$$

En outre, pour tout $n \in [\![1, r]\!]$,

$$\begin{aligned}
\mathbb{E}_x\left[\prod_{k=1}^{n} f_k(X_{\lambda_k})\right] &= \mathbb{E}_x\left[\exp\left(\sum_{k=1}^{n} a_i q(\lambda_i, X_{\lambda_i})\right)\right] \\
&\leq \mathbb{E}_x\left[\exp\left(\sup_{0\leq\lambda\leq T} q(\lambda, X_\lambda)\sum_{k=1}^{n} a_i\right)\right] \\
&\leq \mathbb{E}_x\left[\exp\left(\sup_{0\leq\lambda\leq T} q(\lambda, X_\lambda)\sum_{k=1}^{r} a_i\right) \vee 1\right] \\
&= \mathbb{E}_x\left[\exp\left(\alpha(T)\sup_{0\leq\lambda\leq T} q(\lambda, X_\lambda)\right) \vee 1\right] \\
&= \mathbb{E}_x[\Theta_T \vee 1] < \infty.
\end{aligned}$$

Nous en déduisons donc, grâce au Lemme 3.46, que $K_x(n, z)$ est une fonction croissante de z. À présent, pour $n \in \mathbb{N}^*$, on désigne par $(\widetilde{q}_n)^{-1}$, l'inverse continu à droite de $\widetilde{q}_n$ et on définit la variable :

$$V_x(n, X_{\lambda_n}) := K_x(n, X_{\lambda_n})\mathbb{E}_x[N_{n-1}|X_{\lambda_n}]\left(e^{\widetilde{q}_n(X_{\lambda_n})} - 1\right).$$

Ainsi (cf. Lemme 1.5),

i) si $X_{\lambda_n} \leq (\widetilde{q}_n)^{-1}(0)$, alors $e^{\widetilde{q}_n(X_{\lambda_n})} - 1 \leq 0$ et

$$V_x(n, X_{\lambda_n}) \geq K_x\left(n, (\widetilde{q}_n)^{-1}(0)\right)\mathbb{E}_x[N_{n-1}|X_{\lambda_n}]\left(e^{\widetilde{q}_n(X_{\lambda_n})} - 1\right),$$

ii) si $X_{\lambda_n} \geq (\widetilde{q}_n)^{-1}(0)$, alors $e^{\widetilde{q}_n(X_{\lambda_n})} - 1 \geq 0$ et

$$V_x(n, X_{\lambda_n}) \geq K_x\left(n, (\widetilde{q}_n)^{-1}(0)\right)\mathbb{E}_x[N_{n-1}|X_{\lambda_n}]\left(e^{\widetilde{q}_n(X_{\lambda_n})} - 1\right).$$

Par conséquent,

$$\begin{aligned}
&\mathbb{E}_x[\psi(N_n)] - \mathbb{E}_x[\psi(N_{n-1})] \\
&\geq \mathbb{E}_x[V_x(n, X_{\lambda_n})] \geq K_x\left(n, (\widetilde{q}_n)^{-1}(0)\right)\mathbb{E}_x\left[\mathbb{E}_x[N_{n-1}|X_{\lambda_n}]\left(e^{\widetilde{q}_n(X_{\lambda_n})} - 1\right)\right] \\
&= K_x\left(n, (\widetilde{q}_n)^{-1}(0)\right)\mathbb{E}_x\left[N_{n-1}\left(e^{\widetilde{q}_n(X_{\lambda_n})} - 1\right)\right] \\
&= K_x\left(n, (\widetilde{q}_n)^{-1}(0)\right)\mathbb{E}_x\left[N_n - N_{n-1}\right] = 0.
\end{aligned}$$

Donc, pour tout $r \in [\![2, \infty[\![$:

$$\left(N_n := \exp\left(\sum_{i=1}^{n} a_i q(\lambda_i, X_{\lambda_i}) - h(n)\right), n \in [\![1, r]\!]\right) \text{ est un peacock.}$$

2) On pose $\nu = 1_{[0,T]}d\mu$ et, pour tout $0 \leq t \leq T$,

$$N_t^{(\nu)} = \frac{\exp\left(\int_0^t q(u, X_u)\nu(du)\right)}{\mathbb{E}_x\left[\exp\left(\int_0^t q(u, X_u)\nu(du)\right)\right]}.$$

Comme la fonction $\lambda \in [0,T] \longmapsto q(\lambda, X_\lambda)$ est continue à droite et bornée supérieurement par la v.a. $\sup\limits_{0\le\lambda\le T} |q(\lambda, X_\lambda)|$ qui est finie p.s., il existe une suite $(\nu_n, n \in \mathbb{N})$ de mesures de la forme (3.49), avec, pour tout $n \in \mathbb{N}$, $\operatorname{supp} \nu_n \subset [0,T]$, $\int \nu_n(du) = \int \nu(du)$ et, pour tout $0 \le t \le T$,

$$\lim_{n\to\infty} \exp\left(\int_0^t q(u, X_u)\nu_n(du)\right) = \exp\left(\int_0^t q(u, X_u)\nu(du)\right) \text{ a.s.} \tag{3.50}$$

De plus, pour tout $0 \le t \le T$ et tout $n \in \mathbb{N}$,

$$\begin{aligned}
&\sup_{n\ge0} \exp\left(\int_0^t q(u, X_u)\nu_n(du)\right)\\
&\le \exp\left(\sup_{0\le\lambda\le T} q(\lambda, X_\lambda) \int_0^t \nu_n(du)\right)\\
&= \exp\left(\sup_{0\le\lambda\le T} q(\lambda, X_\lambda) \int_0^T \nu_n(du)\right) \vee 1\\
&= \exp\left(\sup_{0\le\lambda\le T} q(\lambda, X_\lambda) \int_0^T \nu(du)\right) \vee 1 = \Theta_T \vee 1
\end{aligned}$$

qui est intégrable d'après (INH1). D'après le Théorème de convergence dominée,

$$\lim_{n\to\infty} \mathbb{E}_x\left[\exp\left(\int_0^t q(u, X_u)\nu_n(du)\right)\right] = \mathbb{E}_x\left[\exp\left(\int_0^t q(u, X_u)\nu(du)\right)\right]. \tag{3.51}$$

En utilisant (3.50) et (3.51), nous obtenons :

$$\lim_{n\to\infty} N_t^{(\nu_n)} = N_t^{(\nu)} \text{ a.s., for every } 0 \le t \le T. \tag{3.52}$$

Mais, il découle de **1)**, que :

$$\left(N_t^{(\nu_n)}, 0 \le t \le T\right) \text{ est un peacock pour tout } n \in \mathbb{N}, \tag{3.53}$$

i.e., pour tout $0 \le s < t \le T$ et tout $\psi \in \mathbf{C}$:

$$\mathbb{E}_x\left[\psi(N_s^{(\nu_n)})\right] \le \mathbb{E}_x\left[\psi(N_t^{(\nu_n)})\right]. \tag{3.54}$$

Par ailleurs,

$$\sup_{0\le t\le T} \sup_{n\ge0} \left|N_t^{(\nu_n)}\right| \le \frac{\Theta_T \vee 1}{\Delta_T \wedge 1}, \tag{3.55}$$

qui est intégrable d'après (INH1) et (INH2). Il suffit alors de passer à la limite dans (3.54) lorsque $n \to \infty$ et d'appliquer le Théorème de convergence dominée pour déduire que $(N_t^{(\mu)}, 0 \le t \le T)$ est un peacock pour tout $T > 0$. □

Remarque 3.61. *Observons que le Théorème 3.60 s'applique aux exemples 3.48, 3.49, 3.50 et 3.51.*

Nous donnons à présent un exemple d'application du Théorème 3.60 au carré de Bessel de dimension 0. Notons que la fonction de transition d'un carré de Bessel de dimension 0 n'est pas absolument continue par rapport à la mesure de Lebesgue. En conséquence, le Théorème 3.43 tel que nous l'avons énoncé ne s'applique pas. Néanmoins, des résultats d'approximations dû à Feller [Fe51] des carrés de Bessel de dimension 0 par des processus de Galton-Watson critiques permettent d'exhiber des peacocks du type (3.48).

Exemple 3.62. (Carré de Bessel de dimension 0 obtenu comme limite en loi d'une suite de processus de Galton-Watson critiques).
Pour tout $k \in \mathbb{N}^*$, on désigne par $Z^k := \left(Z_n^k, n \in \mathbb{N}\right)$ un processus de Galton-Watson avec population initiale k, et de loi de reproduction la loi géométrique ν de paramètre $\frac{1}{2}$, i.e.

$$\nu(i) = 2^{-i-1}, \quad \text{pour tout } i \in \mathbb{N}.$$

Le processus Z^k ($k \in \mathbb{N}^*$) est markovien homogène, à valeurs dans $\mathbb{N}$ et de matrice de transition Q donnée par :

$$\forall j \in \mathbb{N}, \quad Q(0,j) = \begin{cases} 1 & \text{si } j = 0 \\ 0 & \text{sinon} \end{cases}$$

et

$$\forall (i,j) \in \mathbb{N}^* \times \mathbb{N}, \quad Q(i,j) = \binom{i+j-1}{j} 2^{-(i+j)}.$$

On considère la suite des fonctions de transition $\left(Q^{(n)}, n \in \mathbb{N}\right)$ définies sur $\mathbb{N} \times \mathbb{N}$ par :

$$Q^{(0)}(i,j) = \begin{cases} 1 & \text{si } i = j \\ 0 & \text{sinon} \end{cases}$$

et

$$\forall n \geq 1, \quad Q^{(n+1)}(i,j) = \sum_{m \in \mathbb{N}} Q(i,m) Q^{(n)}(m,j).$$

Puisque la fonction $(i,j) \longmapsto \binom{i+j-1}{j}$ est TP_2, on déduit de (3.4) que $Q^{(n)}$ est TP_2 pour tout $n \in \mathbb{N}$.
Pour tous $\lambda \geq 0$ et $k \in \mathbb{N}^*$, nous définissons :

$$Y_\lambda^k = \frac{1}{k} Z_{[k\lambda]}^k,$$

où $[\cdot]$ désigne la fonction partie entière. Alors, $\left(Y_\lambda^k, \lambda \geq 0\right)$ est un processus de Markov à valeurs dans $\frac{1}{k}\mathbb{N}$, de fonction de transition $(P_{\zeta,\eta}, 0 \leq \zeta < \eta)$ définie par :

$$\forall x, y \in \frac{1}{k}\mathbb{N}, \quad P_{\zeta,\eta}(x,y) = Q^{([k\eta]-[k\zeta])}(kx, ky).$$

Notons que la fonction $P_{\zeta,\eta}$ est TP_2 pour tous ζ et η.
Soit $q : \mathbb{R}_+ \times \mathbb{R} \to \mathbb{R}$ une fonction continue et bornée telle que, pour tout $\lambda \geq 0$,

$x \longmapsto q(\lambda, x)$ est croissante. On déduit du Théorème 3.60 que pour toute suite de réels positifs $(a_i, i \geq 1)$ et pour toute suite strictement croissante $(\lambda_i, i \geq 1)$ de $\mathbb{R}_+^*$,

$$\left(N_n^k := \frac{\exp\left(\sum_{i=1}^n a_i q(\lambda_i, Y_{\lambda_i}^k)\right)}{\mathbb{E}\left[\exp\left(\sum_{i=1}^n a_i q(\lambda_i, Y_{\lambda_i}^k)\right)\right]}, n \in \mathbb{N} \right) \quad \text{est un peacock.} \tag{3.56}$$

Or, d'après un résultat dû à Feller [Fe51], lorsque k tend vers ∞, $\left(Y_\lambda^k, \lambda \geq 0\right)$ converge en loi vers le processus $(Y_\lambda^\infty, \lambda \geq 0)$ qui est l'unique solution forte de :

$$dZ_\lambda = \sqrt{2Z_\lambda} dB_\lambda, \quad Z_0 = 1,$$

où $(B_\lambda, \lambda \geq 0)$ désigne un mouvement brownien. En particulier, lorsque k tend vers ∞, le n-uplet $(n \in \mathbb{N}^*)$ $\left(Y_{\lambda_1}^k, \cdots, Y_{\lambda_n}^k\right)$ converge en loi vers $\left(Y_{\lambda_1}^\infty, \cdots, Y_{\lambda_n}^\infty\right)$. Il en résulte que

$$\left(N_n^\infty := \frac{\exp\left(\sum_{i=1}^n a_i q(\lambda_i, Y_{\lambda_i}^\infty)\right)}{\mathbb{E}\left[\exp\left(\sum_{i=1}^n a_i q(\lambda_i, Y_{\lambda_i}^\infty)\right)\right]}, n \in \mathbb{N} \right) \quad \text{est un peacock.} \tag{3.57}$$

Nous obtenons ainsi le résultat suivant :

Corollaire 3.63. *Soit $(Y_t, t \geq 0)$ un carré de Bessel de dimension 0 issu de 1, et soit $q : \mathbb{R}_+ \times \mathbb{R}_+ \to \mathbb{R}$ une fonction continue et bornée telle que $y \longmapsto q(\lambda, y)$ est croissante pour tout $\lambda \geq 0$. Alors, pour toute mesure de Radon positive μ sur $\mathbb{R}_+$,*

$$\left(N_t := \frac{\exp\left(\int_0^t q(s, Y_s)\mu(ds)\right)}{\mathbb{E}\left[\exp\left(\int_0^t q(s, Y_s)\mu(ds)\right)\right]}, t \geq 0 \right) \quad \textit{est un peacock.}$$

3.4.4 Une classe de peacocks en la volatilité obtenus par normalisation

En utilisant les Théorèmes 3.43 et 3.60, nous prouvons le résultat qui suit :

Théorème 3.64. *Soit X un processus de Markov à valeurs dans I ($I = \mathbb{R}$ ou $\mathbb{R}_+$), continue à droite, dont la fonction de transition vérifie (3.40) et (3.41). Soit $x \in I$. Soit $q : \mathbb{R}_+ \times I \to \mathbb{R}$ une fonction continue telle que pour tout $\lambda \geq 0$, $y \longmapsto q(\lambda, y)$ est de classe $\mathcal{C}^1$, et soit μ une mesure de Radon positive sur $\mathbb{R}_+$ qui vérifie :*

$$\forall t \geq 0, \quad \mathbb{E}_x\left[\exp\left(\int_0^\infty q(\zeta, tX_\zeta)\mu(d\zeta)\right)\right] < \infty.$$

On suppose que :

(i) pour tout $\lambda \geq 0$, les fonctions $y \longmapsto q(\lambda, y)$ et $y \longmapsto y\dfrac{\partial q}{\partial y}(\lambda, y)$ sont croissantes (resp. décroissantes),

(ii) pour tous $t \geq 0$ et $\lambda \geq 0$, il existe $\alpha := \alpha(t,\lambda) > 1$ tel que :

$$\mathbb{E}_x\left[|X_\lambda|^\alpha \left(\frac{\partial q}{\partial y}\right)^\alpha (\lambda, tX_\lambda)\right] < \infty, \tag{HM0}$$

(iii) pour tous $t, \beta > 0$, et pour tout compact $K \subset \mathbb{R}_+$,

$$\Theta_{t,\beta}^{(K)} := \exp\left(\beta \sup_{\zeta \in K} q(\zeta, tX_\zeta)\right) \quad \textit{est } \mathbb{P}_x\textit{-intégrable}, \tag{HM1}$$

i.e. $\mathbb{E}_x\left[\Theta_{t,\beta}^{(K)}\right] < \infty$, *et*

$$\Delta_{t,\beta}^{(K)} := \mathbb{E}_x\left[\exp\left(\beta \inf_{\zeta \in K} q(\zeta, tX_\zeta)\right)\right] > 0. \tag{HM2}$$

Alors,

$$\left(N_t^{(\mu)} := \frac{\exp\left(\int_0^\infty q(\zeta, tX_\zeta)\mu(d\zeta)\right)}{\mathbb{E}_x\left[\exp\left(\int_0^\infty q(\zeta, tX_\zeta)\mu(d\zeta)\right)\right]}, t \geq 0\right) \quad \textit{est un peacock sous } \mathbb{P}_x. \tag{3.58}$$

Remarque 3.65. *Au lieu d'être un paramètre de temps, t apparait plutôt comme un coefficient de dilatation. C'est ce qui justifie le choix du terme "peacock en la volatilité" pour désigner les processus de la forme (3.58).*

Démonstration.
Soit $x \in I$ fixé. Nous supposons sans perte de généralité que les fonctions $y \longmapsto q(\zeta, y)$ et $y \longmapsto y\dfrac{\partial q}{\partial y}(\zeta, y)$ sont croissantes.

1) Nous traitons d'abord le cas où μ est de la forme

$$\mu = \sum_{i=1}^m a_i \delta_{\zeta_i}, \tag{3.59}$$

où $m \in \mathbb{N}^*$, $a_1 \geq 0, \cdots, a_m \geq 0$, $0 < \zeta_1 < \cdots < \zeta_m$, et où δ_ζ est la mesure de Dirac au point ζ. Plus précisément, nous montrons que :

$$\left(N_t := \exp\left(\sum_{i=1}^m a_i q(\zeta_i, tX_{\zeta_i}) - h(t)\right), t \geq 0\right) \quad \text{est un peacock,}$$

avec

$$h(t) = \log \mathbb{E}_x\left[\exp\left(\sum_{i=1}^m a_i q(\zeta_i, tX_{\zeta_i})\right)\right].$$

Posons $\overline{\mu} := \sum_{i=1}^m a_i$. Puisque, pour tout $\lambda \geq 0$, les fonctions $y \longmapsto q(\lambda, y)$ et $y \longmapsto y\dfrac{\partial q}{\partial y}(\lambda, y)$ sont croissantes, alors pour tous $0 < b < c$ et $t \in [b, c]$,

$$\exp\left(\sum_{i=1}^m a_i q(\zeta_i, tX_{\zeta_i})\right) \leq \exp\left(\overline{\mu} \sup_{i \in \{1,\cdots,m\}} q(\zeta_i, 0)\right) + \exp\left(\overline{\mu} \sup_{i \in \{1,\cdots,m\}} q(\zeta_i, cX_{\zeta_i})\right), \tag{3.60}$$

et pour tout $i \in \{1, \cdots, m\}$,

$$|X_{\zeta_i}|\frac{\partial q}{\partial y}(\zeta_i, tX_{\zeta_i}) \leq \frac{c}{b}|X_{\zeta_i}|\frac{\partial q}{\partial y}(\zeta_i, cX_{\zeta_i}). \tag{3.61}$$

Il résulte de (HM0), (HM1), (3.60) et (3.61) que pour tous $0 < b < c$,

$$\mathbb{E}_x \left[\sup_{t\in[b,c]} \left\{ \sum_{i=1}^{m} a_i |X_{\zeta_i}| \frac{\partial q}{\partial y}(\zeta_i, tX_{\zeta_i}) \exp\left(\sum_{k=1}^{m} a_k q(\zeta_k, tX_{\zeta_k}) \right) \right\} \right] < \infty. \tag{3.62}$$

Nous en déduisons que h est continue sur $[0, +\infty[$, différentiable sur $]0, +\infty[$ et pour tout $t > 0$,

$$h'(t)e^{h(t)} = \sum_{i=1}^{m} a_i \, \mathbb{E}_x \left[X_{\zeta_i} \frac{\partial q}{\partial y}(\zeta_i, tX_{\zeta_i}) \exp\left(\sum_{k=1}^{m} a_k q(\zeta_k, tX_{\zeta_k}) \right) \right],$$

i.e.

$$h'(t) = \sum_{i=1}^{m} a_i \, \mathbb{E}_x \left[N_t X_{\zeta_i} \frac{\partial q}{\partial y}(\zeta_i, tX_{\zeta_i}) \right]. \tag{3.63}$$

On pose

$$\widetilde{h}_{\zeta_i}(t) = \mathbb{E}_x \left[N_t X_{\zeta_i} \frac{\partial q}{\partial y}(\zeta_i, tX_{\zeta_i}) \right] \tag{3.64}$$

de sorte que

$$h'(t) = \sum_{i=1}^{m} a_i \widetilde{h}_{\zeta_i}(t). \tag{3.65}$$

Comme $\mathbb{E}_x[N_t] = 1$, il résulte de (3.64) que pour tous $t > 0$ et $i \in \{1, \cdots, n\}$,

$$\mathbb{E}_x \left[N_t \left(X_{\zeta_i} \frac{\partial q}{\partial y}(\zeta_i, tX_{\zeta_i}) - \widetilde{h}_{\zeta_i}(t) \right) \right] = 0. \tag{3.66}$$

D'autre part, pour tout $\psi \in \mathbf{C}$, (HM1), (3.63) et (3.65) impliquent que

$$\frac{\partial}{\partial t}\mathbb{E}_x[\psi(N_t)] = \sum_{i=1}^{m} a_i \, \mathbb{E}_x \left[\psi'(N_t) N_t \left(X_{\zeta_i} \frac{\partial q}{\partial y}(\zeta_i, tX_{\zeta_i}) - \widetilde{h}_{\zeta_i}(t) \right) \right].$$

Nous allons donc montrer que pour tout $i \in \{1, \cdots, m\}$,

$$\mathfrak{E}_i := \mathbb{E}_x \left[\psi'(N_t) N_t \left(X_{\zeta_i} \frac{\partial q}{\partial y}(\zeta_i, tX_{\zeta_i}) - \widetilde{h}_{\zeta_i}(t) \right) \right] \geq 0. \tag{3.67}$$

Observons que la fonction

$$\phi : (y_1, \cdots, y_m) \longmapsto \psi' \left(\exp\left(\sum_{k=1}^{m} a_k q(\zeta_k, ty_k) - h(t) \right) \right)$$

est croissante en chacun de ses arguments, et que si on pose

$$\forall\, k \in \{1, \cdots, m\}, \quad f_k(y) = \exp(a_k q(\zeta_k, ty)),$$

alors

$$N_t = e^{-h(t)} \prod_{k=1}^{m} f_k(X_{\zeta_k}).$$

Ainsi, en définissant

$$K_{i,x}(m,z) := \frac{\mathbb{E}_x\left[\phi(X_{\zeta_1},\cdots,X_{\zeta_m}) \prod_{k=1}^{m} f_k(X_{\zeta_k}) \middle| X_{\zeta_i} = z\right]}{\mathbb{E}_x\left[\prod_{k=1}^{m} f_k(X_{\zeta_k}) \middle| X_{\zeta_i} = z\right]},$$

pour tous $z \in I$, et pour tout $i \in \{1, \cdots, m\}$, nous obtenons

$$\mathfrak{E}_i = \mathbb{E}_x\left[K_{i,x}(m, X_{\zeta_i})\mathbb{E}_x[N_t|X_{\zeta_i}]\left(X_{\zeta_i}\frac{\partial q}{\partial y}(\zeta_i, tX_{\zeta_i}) - \widetilde{h}_{\zeta_i}(t)\right)\right].$$

L'hypothèse i) entraîne que la fonction $\widetilde{q}_{\zeta_i} : y \longmapsto y\frac{\partial q}{\partial y}(\zeta_i, ty) - \widetilde{h}_{\zeta_i}(t)$ est continue et croissante ; on désigne par $\widetilde{q}_{\zeta_i}^{-1}$ son inverse continu à droite. D'après le Théorème 3.43, la fonction $z \longmapsto K_{i,x}(m,z)$ est croissante, et on déduit de (3.66) que :

$$\begin{aligned}\mathfrak{E}_i &\geq K_{i,x}\left(m, \widetilde{q}_{\zeta_i}^{-1}(0)\right)\mathbb{E}_x\left[\mathbb{E}_x[N_t|X_{\zeta_i}]\left(X_{\zeta_i}\frac{\partial q}{\partial y}(\zeta_i, tX_{\zeta_i}) - \widetilde{h}_{\zeta_i}(t)\right)\right] \\ &= K_{i,x}\left(m, \widetilde{q}_{\zeta_i}^{-1}(0)\right)\mathbb{E}_x\left[N_t\left(X_{\zeta_i}\frac{\partial q}{\partial y}(\zeta_i, tX_{\zeta_i}) - \widetilde{h}_{\zeta_i}(t)\right)\right] = 0.\end{aligned}$$

Donc, $(N_t, t \geq 0)$ est un peacock.

2) Lorsque μ est à support compact contenu dans un intervalle compact K de $\mathbb{R}_+$, nous procédons comme dans le point 2) de la preuve du Théorème 3.60 ; ce qui permet de montrer que $\left(N_t^{(\mu)}, t \geq 0\right)$ est un peacock.

3) Dans le cas général, on considère la suite de mesures $\left(\mu_n(d\zeta) := 1_{[0,n]}\mu(d\zeta), n \in \mathbb{N}\right)$. Soit $\psi \in \mathbf{C}$. Alors, d'après le point 2) ci-dessus, $\left(N_t^{(\mu_n)}, t \geq 0\right)$ est un peacock pour tout n, i.e.

$$\forall\, 0 \leq s \leq t, \quad \mathbb{E}_x\left[\psi(N_s^{(\mu_n)})\right] \leq \mathbb{E}_x\left[\psi(N_t^{(\mu_n)})\right]. \tag{3.68}$$

De plus, il résulte du Théorème 3.60 que, pour tout $t \geq 0$,

$$\left(N_t^{(\mu_n)} = \frac{\exp\left(\int_0^n q(\zeta, tX_\zeta)\mu(d\zeta)\right)}{\mathbb{E}_x\left[\exp\left(\int_0^n q(\zeta, tX_\zeta)\mu(d\zeta)\right)\right]}, n \geq 0\right) \quad \text{est un peacock,}$$

autrement dit, $\left(\mathbb{E}_x\left[\psi(N_t^{(\mu_n)})\right], n \geq 0\right)$ est une suite croissante et majorée qui admet $\mathbb{E}_x\left[\psi(N_t^{(\mu)})\right]$ pour borne supérieure. En passant donc à la limite lorsque n tend vers ∞ dans (3.68), on obtient :

$$\forall\, 0 \leq s \leq t, \quad \mathbb{E}_x\left[\psi(N_s^{(\mu)})\right] \leq \mathbb{E}_x\left[\psi(N_t^{(\mu)})\right];$$

ce qui montre que $\left(N_t^{(\mu)}, t \geq 0\right)$ est un peacock. □

Exemple 3.66. Soit μ une mesure de Radon sur $\mathbb{R}_+$, et soit X un processus de Markov à valeurs dans $\mathbb{R}$, continu à droite tel que pour tous $x \in \mathbb{R}$ et $\beta > 0$,

$$\mathbb{E}_x\left[\exp\left(\beta \sup_{0\leq\zeta\leq 1} X_\zeta\right)\right] < \infty \tag{3.69}$$

et

$$\mathbb{E}_x\left[\exp\left(\beta \inf_{0\leq\zeta\leq 1} X_\zeta\right)\right] > 0. \tag{3.70}$$

On suppose que sa fonction de transition $P_{\zeta,\eta}(x,dy)$ satisfait (3.40) et (3.41).
Soit $q : [0,1] \times \mathbb{R} \to \mathbb{R}$ la fonction définie par :

$$\forall\,(\zeta,y) \in [0,1]\times\mathbb{R}, \quad q(\zeta,y) = 2y + \sqrt{1+\zeta+y^2}.$$

Notons que l'inégalité suivante est satisfaite :

$$\forall\,(\zeta,y) \in [0,1]\times\mathbb{R}, \quad e^{2y} \leq e^{q(\zeta,y)} < e^{2+3y} + e^{2+y}. \tag{3.71}$$

Nous déduisons de (3.69) et de (3.71) que

$$\forall\, t \geq 0, \quad \mathbb{E}_x\left[\exp\left(\mu([0,1]) \sup_{0\leq\zeta\leq 1} q(\zeta, tX_\zeta)\right)\right] < \infty.$$

De plus, (3.69), (3.70) et (3.71) assurent que les conditions (HM0), (HM1) et (HM2) sont vérifiées.
D'autre part, observons que les fonctions $y \longmapsto q(\zeta,y)$ et $y \longmapsto y\dfrac{\partial q}{\partial y}(\zeta,y)$ sont croissantes. En appliquant le Théorème 3.64, on déduit que :

$$\left(N_t := \frac{\exp\left(\int_0^1 q(\zeta,tX_\zeta)\mu(d\zeta)\right)}{\mathbb{E}_x\left[\exp\left(\int_0^1 q(\zeta,tX_\zeta)\mu(d\zeta)\right)\right]}, t \geq 0\right) \quad \text{est un peacock.}$$

Exemple 3.67. Soient $X := (X_t, t \geq 0, \mathbb{P}_x, x \in \mathbb{R})$ un processus de Markov à valeurs dans $\mathbb{R}$, continu à droite et qui possède la propriété d'échelle d'ordre $\gamma > 0$, i.e.

$$\forall\, t > 0,\ (X_{tu}, u \geq 0) \stackrel{(\text{loi})}{=} (t^\gamma X_u, u \geq 0).$$

On suppose que la fonction de transition $P_{\zeta,\eta}(x,dy)$ de X satisfait (3.40) et (3.41). Soit $q : \mathbb{R} \to \mathbb{R}$ une fonction croissante de classe $\mathcal{C}^1$ telle que $x \longmapsto xq'(x)$ soit croissante. Supposons que :

i) pour tous $\beta, t > 0$ et $x \in \mathbb{R}$:

$$\mathbb{E}\left[\exp\left(\beta \sup_{0\leq u\leq 1} q(t^\gamma X_u)\right)\right] < \infty \text{ et } \mathbb{E}\left[\exp\left(\beta \inf_{0\leq u\leq 1} q(t^\gamma X_u)\right)\right] > 0,$$

ii) pour tous $t, u > 0$, il existe $\alpha = \alpha(t,u) > 1$ tel que

$$\mathbb{E}\left[|X_u|^\alpha (q')^\alpha (t^\gamma X_u)\right] < \infty.$$

Alors, en effectuant le changement de variable $s = tu$, on déduit du Théorème 3.64 que

$$\left(N_t := \frac{\exp\left(\frac{1}{t}\int_0^t q(X_s)ds\right)}{\mathbb{E}\left[\exp\left(\frac{1}{t}\int_0^t q(X_s)ds\right)\right]}, t \geq 0 \right) \text{ est un peacock.}$$

3.4.5 Autres applications du Lemme 3.46

Cas des chaînes de Markov homogènes

Théorème 3.68. *Soit $(X_n, n \in \mathbb{N})$ un processus de Markov homogène à valeurs dans un intervalle $I \subset \mathbb{R}$, de noyau de transition $P(x,dy) = p(x,y)dy$, où p est une fonction continue et TP_2. Soit $\theta : I \to \mathbb{R}_+^*$ une fonction continue croissante (resp. décroissante) telle que $\mathbb{E}[\theta(X_0)] < \infty$. Soit $q : I \to \mathbb{R}$ une fonction continue croissante (resp. décroissante) telle que :*

$$y \in I \mapsto q(y) + \log \frac{P\theta(y)}{\theta(y)} \text{ est croissante (resp. décroissante),} \tag{3.72}$$

et, pour tous $x \in I$ et $n \geq 1$,

$$\mathbb{E}_x\left[\theta(X_n)\exp\left(\sum_{k=0}^{n-1} q(X_k)\right)\right] < \infty. \tag{3.73}$$

On pose $h_x(n) := \log \mathbb{E}_x\left[\theta(X_n)\exp\left(\sum\limits_{k=0}^{n-1} q(X_k)\right)\right]$. Alors, pour tout $x \in I$,

$$\left(N_n := \theta(X_n)\exp\left(\sum_{k=0}^{n-1} q(X_k) - h_x(n)\right), n \in \mathbb{N}\right) \text{ est un peacock.}$$

Démonstration.
1) Nous ne traitons que le cas où les fonctions θ, q et $y \longmapsto q(y) + \log\dfrac{P\theta(y)}{\theta(y)}$ sont croissantes. Soit $x \in I$ fixé.
Notons que l'hypothèse $\mathbb{E}_x[\theta(X_0)] < \infty$ équivaut à :

$$\left(M_n := \theta(X_n)\prod_{k=0}^{n-1}\frac{\theta(X_k)}{P\theta(X_k)}, n \in \mathbb{N}\right) \text{ est une martingale.}$$

Posons ensuite $A_0 = 0$,

$$A_n := \exp\left(\sum_{k=0}^{n-1} q(X_k) - h(n)\right)\prod_{k=0}^{n-1}\frac{P\theta(X_k)}{\theta(X_k)}, \text{ pour tout } n \geq 1,$$

et

$$\mathcal{F}_n := \sigma(X_p, p \leq n), \quad \text{pour tout } n \geq 0.$$

Pour tout $n \geq 1$, A_n est $\mathcal{F}_{n-1}$-mesurable et $N_n = M_n A_n$.
D'autre part, il découle de (3.73) que, pour tout $n \geq 1$, les variables $N_n := M_n A_n$ et $M_{n-1} A_n$ sont intégrables. En outre, puisque $(N_n, n \geq 0)$ est d'espérance constante et $(M_n, n \geq 0)$ est une $(\mathcal{F}_n)$-martingale, alors, pour tout $n \geq 1$, nous avons :

$$\begin{aligned} 0 = \mathbb{E}_x[N_n - N_{n-1}] &= \mathbb{E}_x[M_n A_n - M_{n-1} A_{n-1}] \\ &= \mathbb{E}_x[A_n(M_n - M_{n-1})] + \mathbb{E}_x[M_{n-1}(A_n - A_{n-1})] \\ &= \mathbb{E}_x[M_{n-1}(A_n - A_{n-1})]. \end{aligned}$$

Mais,

$$\begin{aligned} M_{n-1}(A_n - A_{n-1}) &= N_{n-1}\left(\frac{A_n}{A_{n-1}} - 1\right) \\ &= N_{n-1}\left(\frac{P\theta(X_{n-1})}{\theta(X_{n-1})} e^{q(X_{n-1}) - h_x(n) + h_x(n-1)} - 1\right) \\ &= N_{n-1}\left(e^{\widetilde{q}(X_{n-1})} - 1\right), \end{aligned}$$

où, d'après (3.72), $y \mapsto \widetilde{q}(y) := q(y) + \log \dfrac{P\theta(y)}{\theta(y)} - h_x(n) + h_x(n-1)$ est une fonction croissante. D'où :

$$\mathbb{E}_x\left[N_{n-1}\left(e^{\widetilde{q}(X_{n-1})} - 1\right)\right] = 0. \tag{3.74}$$

2) Pour tout $\psi \in \mathbf{C}$, on a :

$$\begin{aligned} &\mathbb{E}_x[\psi(N_n)] - \mathbb{E}_x[\psi(N_{n-1})] \geq \mathbb{E}_x\left[\psi'(N_{n-1})(N_n - N_{n-1})\right] \quad \text{(par convexité)} \\ &= \mathbb{E}_x\left[\psi'(N_{n-1}) A_n (M_n - M_{n-1})\right] + \mathbb{E}_x\left[\psi'(N_{n-1}) M_{n-1}(A_n - A_{n-1})\right] \\ &= \mathbb{E}_x\left[\psi'(N_{n-1}) M_{n-1}(A_n - A_{n-1})\right] \\ &\text{(puisque } A_n \text{ est } \mathcal{F}_{n-1}\text{-mesurable et } (M_n, n \geq 0) \text{ est une martingale)} \\ &= \mathbb{E}_x\left[\psi'(N_{n-1}) N_{n-1}\left(e^{\widetilde{q}(X_{n-1})} - 1\right)\right] \\ &= \mathbb{E}_x\left[\frac{\mathbb{E}[\psi'(N_{n-1}) N_{n-1} | X_{n-1}]}{\mathbb{E}_x[N_{n-1} | X_{n-1}]} \mathbb{E}_x[N_{n-1} | X_{n-1}]\left(e^{\widetilde{q}(X_{n-1})} - 1\right)\right]. \end{aligned}$$

Maintenant, pour $n \geq 1$ et $x \in \mathbb{R}$, nous définissons :

$$K_x(n, z) := \frac{\mathbb{E}_x\left[\psi'(N_{n-1}) N_{n-1} | X_{n-1} = z\right]}{\mathbb{E}_x[N_{n-1} | X_{n-1} = z]}$$

et

$$V_x(n, z) := \mathbb{E}_x[N_{n-1} | X_{n-1} = z]\left(e^{\widetilde{q}(z)} - 1\right).$$

Remarquons que :

$$\forall n \geq 1, \ \mathbb{E}_x[V_x(n, X_{n-1})] = 0, \ \text{(d'après (3.74))}$$

et, d'après le Lemme 3.45, $z \mapsto K_x(n,z)$ est croissante.
On désigne par $(\widetilde{q})^{-1}$ l'inverse continu à droite de $\widetilde{q}$. Alors, d'après le Lemme 1.5,

$$\forall n \geq 1,\ K_x(n, X_{n-1})V_x(n, X_{n-1}) \geq K_x\left(n, (\widetilde{q})^{-1}(0)\right) V_x(n, X_{n-1}),$$

et finalement,

$$\begin{aligned}\mathbb{E}_x[\psi(N_n)] - \mathbb{E}_x[\psi(N_{n-1})] &\geq \mathbb{E}_x[K(n, X_{n-1})V_x(n, X_{n-1})] \\ &\geq K_x\left(n, (\widetilde{q})^{-1}(0)\right) \mathbb{E}_x[V_x(n, X_{n-1})] = 0.\end{aligned}$$

□

Cas des diffusions homogènes

Théorème 3.69. *Soit $X := (X_t, t \geq 0)$ une diffusion homogène à valeurs dans un intervalle $I \subset \mathbb{R}$, de générateur*

$$\mathcal{L} := \frac{1}{2}\sigma^2(y)\frac{d^2}{dy^2} + b(y)\frac{d}{dy},$$

où $\sigma, b : I \to \mathbb{R}$ sont de classe $\mathcal{C}^\infty$. On suppose que la fonction de transition de X est de la forme

$$P_t(x, dy) = p_t(x, y)dy, \tag{3.75}$$

où p est une fonction continue et TP_2.
Soit $\theta : \mathbb{R}_+ \to \mathbb{R}_+^*$ une fonction continue croissante (resp. décroissante) de classe $\mathcal{C}^2$.
Soit $q : \mathbb{R}_+ \to \mathbb{R}$ une fonction continue croissante (resp. décroissante) telle que :

i) $q + \dfrac{\mathcal{L}\theta}{\theta}$ est croissante (resp. décroissante),

ii) pour tous $x \in I$ et $t \geq 0$:

$$\mathbb{E}_x\left[\left(\sup_{0\leq s\leq t}(\theta + |q|\theta + |\mathcal{L}\theta|)(X_s)\right)\exp\left(\int_0^t |q|(X_s)\,ds\right)\right] < \infty \tag{3.76}$$

et

$$\mathbb{E}_x\left[\theta(X_t)\exp\left(t\sup_{0\leq s\leq t} q(X_s)\right)\right] < \infty. \tag{3.77}$$

Si on pose $h_x(t) := \log \mathbb{E}_x\left[\theta(X_t)\exp\left(\int_0^t q(X_s)\,ds\right)\right]$, alors :

$$\left(N_t := \theta(X_t)\exp\left(\int_0^t q(X_s)\,ds - h_x(t)\right), t \geq 0\right) \text{ est un peacock.}$$

Démonstration.
1) Nous utilisons le résultat ci-après qui est une conséquence du Lemme 3.46.

Lemme 3.70. *Soit $(X_t, t \geq 0)$ une diffusion homogène à valeurs dans un intervalle I de $\mathbb{R}$, ayant une fonction de transition de la forme (3.75). Soit $q : \mathbb{R}_+ \to \mathbb{R}$ une fonction continue croissante, et soit $\theta : \mathbb{R}_+ \to \mathbb{R}_+^*$ une fonction continue croissante de classe $\mathcal{C}^2$ telle que :*

$$\forall x \in I, \ \mathbb{E}_x \left[\theta(X_t) \exp\left(t \sup_{0 \leq s \leq t} q(X_s)\right)\right] < \infty. \tag{3.78}$$

Si on pose

$$\forall t \geq 0, \ N_t := \theta(X_t) \exp\left(\int_0^t q(X_s)\, ds\right),$$

alors, pour tout $t \geq 0$ et tout $\phi : \mathbb{R} \to \mathbb{R}$ appartenant à $\mathcal{I}_n$,

$$z \longmapsto K_x(t,z) := \frac{\mathbb{E}_x[\phi(N_t)N_t | X_t = z]}{\mathbb{E}_x[N_t | X_t = z]} \quad \textit{est une fonction croissante.}$$

La preuve de ce résultat est similaire à celle du Lemme 3.46.
2) Pour prouver le Théorème 3.69, nous allons sans perte de généralité ne considérer que le cas où les fonctions θ, q et $q + \dfrac{\mathcal{L}\theta}{\theta}$ sont croissantes.
En remarquant que :

$$\left(M_t := \theta(X_t) \exp\left(-\int_0^t \frac{\mathcal{L}\theta}{\theta}(X_u)\, du\right), t \geq 0\right)$$

est une martingale locale continue, l'hypothèse (3.76) assure que h_x est dérivable et que

$$\forall t \geq 0, \ h_x'(t) = \mathbb{E}_x\left[\widetilde{q}(X_t) N_t\right], \tag{3.79}$$

où

$$\forall y \in I, \ \widetilde{q}(y) := q(y) + \frac{\mathcal{L}\theta}{\theta}(y). \tag{3.80}$$

En effet, si, pour tout $t \geq 0$, on pose :

$$C_t := \exp\left(\int_0^t \left(q + \frac{\mathcal{L}\theta}{\theta}\right)(X_u)\, du\right)$$

et

$$L_t := \theta(X_t) \exp\left(\int_0^t q(X_u)\, du\right),$$

alors $L_t = M_t C_t$ et, d'après la formule d'Itô :

$$\begin{aligned} L_t - L_0 &= \int_0^t C_u\, dM_u + \int_0^t M_u\, dC_u \\ &= \widetilde{M}_t + \int_0^t \left(q + \frac{\mathcal{L}\theta}{\theta}\right)(X_u) M_u C_u\, du \\ &= \widetilde{M}_t + \int_0^t \widetilde{q}(X_u) L_u\, du, \end{aligned}$$

où

$$\left(\widetilde{M}_t := \int_0^t C_u\, dM_u, t \geq 0\right) \quad \text{est une martingale locale continue.}$$

D'autre part, pour tout $0 \le s \le t$:

$$\begin{aligned}
\left|\widetilde{M}_s\right| &\le |L_0| + |L_s| + \int_0^s |\widetilde{q}(X_u)|\, L_u\, du \\
&\le |L_0| + (1+s)\left(\sup_{0\le u\le s} (\theta + |q|\theta + |\mathcal{L}\theta|)(X_u)\right) \exp\left(\int_0^s |q|(X_u)\, du\right) \\
&\le |L_0| + (1+t)\left(\sup_{0\le u\le t} (\theta + |q|\theta + |\mathcal{L}\theta|)(X_u)\right) \exp\left(\int_0^t |q|(X_u)\, du\right)
\end{aligned}$$

qui est intégrable d'après (3.76). D'où, $\mathbb{E}_x\left[\sup_{0\le s\le t} \widetilde{M}_s\right] < \infty$ et, en conséquence, $(\widetilde{M}_t, t \ge 0)$ appartient à la classe (DL) (voir [RY99], Chapter IV, Définition 1.6 et Proposition 1.7). Ainsi, $\left(\widetilde{M}_t, t \ge 0\right)$ est une vraie martingale. D'où :

$$\forall\, t \ge 0,\ \ \mathbb{E}_x[L_t] - \mathbb{E}_x[L_0] = \int_0^t \mathbb{E}_x\left[\widetilde{q}(X_u) L_u\right] du$$

et

$$h_x'(t) = \frac{d}{dt} \log \mathbb{E}_x[L_t] = \frac{\frac{d}{dt}\mathbb{E}_x[L_t]}{\mathbb{E}_x[L_t]} = \frac{\mathbb{E}_x\left[\widetilde{q}(X_t) L_t\right]}{\mathbb{E}_x[L_t]} = \mathbb{E}_x\left[\widetilde{q}(X_t) N_t\right]$$

ce qui équivaut à :

$$\forall\, t \ge 0,\ \ \mathbb{E}_x\left[\left(\widetilde{q}(X_t) - h_x'(t)\right) N_t\right] = 0 \ \ (\text{puisque } \mathbb{E}_x[N_t] = 1). \tag{3.81}$$

De même si pour $t \ge 0$, on pose

$$D_t := \exp\left(\int_0^t \left(q + \frac{\mathcal{L}\theta}{\theta}\right)(X_u)\, du - h_x(t)\right),$$

alors

$$\forall\, t \ge 0,\ \ N_t = M_t D_t$$

et, pour tout $0 \le s < t$,

$$\begin{aligned}
N_t - N_s = M_t D_t - M_s D_s &= \int_s^t D_u\, dM_u + \int_s^t M_u\, dD_u \\
&= \widetilde{M}_t - \widetilde{M}_s + \int_s^t \left[\left(q + \frac{\mathcal{L}\theta}{\theta}\right)(X_u) - h_x'(u)\right] M_u D_u\, du \\
&= \widetilde{M}_t - \widetilde{M}_s + \int_s^t \left[\widetilde{q}(X_u) - h_x'(u)\right] N_u\, du,
\end{aligned}$$

où, $\widetilde{q} := q + \dfrac{\mathcal{L}\theta}{\theta}$ est croissante par hypothèse.

3) À présent, soit $\psi \in \mathbf{C}$. Alors, pour tout $0 \leq s < t$,

$$\begin{aligned}
&\mathbb{E}_x[\psi(N_t)] - \mathbb{E}_x[\psi(N_s)] \geq \mathbb{E}_x\left[\int_s^t \psi'(N_u)\, dN_u\right] \\
&= \mathbb{E}_x\left[\int_s^t \psi'(N_u)\, d\widetilde{M}_u\right] + \mathbb{E}_x\left[\int_s^t \psi'(N_u)N_u\left(\widetilde{q}(X_u) - h'_x(u)\right) du\right] \\
&= \int_s^t \mathbb{E}_x\left[\psi'(N_u)N_u\left(\widetilde{q}(X_u) - h'_x(u)\right)\right] du.
\end{aligned}$$

En outre, pour tout $u \geq 0$, nous avons :

$$\begin{aligned}
&\mathbb{E}_x\left[\psi'(N_u)N_u\left(\widetilde{q}(X_u) - h'_x(u)\right)\right] \\
&= \mathbb{E}_x\left[\frac{\mathbb{E}_x[\psi'(N_u)N_u|X_u]}{\mathbb{E}_x[N_u|X_u]}\mathbb{E}_x[N_u|X_u]\left(\widetilde{q}(X_u) - h'_x(u)\right)\right].
\end{aligned}$$

Pour tout $u \geq 0$ et $x \in \mathbb{R}$, nous définissons :

$$K_x(u,z) := \frac{\mathbb{E}_x\left[\psi'(N_u)N_u|X_u = z\right]}{\mathbb{E}_x[N_u|X_u = z]}$$

et

$$V_x(u,z) := \mathbb{E}_x[N_u|X_u = z]\left(\widetilde{q}(z) - h'_x(t)\right).$$

Observons que :

$$\forall\, u \geq 0,\ \mathbb{E}_x[V_x(u, X_u)] = 0.$$

D'autre part, il découle de (3.77) et du Lemme 3.70 que la fonction $z \longmapsto K_x(u,z)$ est croissante.
Si on note $\widetilde{q}^{-1}$ l'inverse continu à droite de $\widetilde{q}$, alors, d'après le Lemme 1.5, nous avons :

$$\forall\, u \geq 0,\ K_x(u,X_u)V_x(u,X_u) \geq K_x\left(u, \widetilde{q}^{-1}(0)\right) V_x(u,X_u).$$

Ainsi, pour tous $0 \leq s < t$:

$$\begin{aligned}
\mathbb{E}_x[\psi(N_t)] - \mathbb{E}_x[\psi(N_s)] &\geq \int_s^t \mathbb{E}_x[K_x(u,X_u)V_x(u,X_u)]\, du \\
&\geq \int_s^t K_x\left(u, \widetilde{q}^{-1}(0)\right) \mathbb{E}_x[V_x(u,X_u)]\, du = 0.
\end{aligned}$$

□

Remarque 3.71. *On suppose que* $(X_t, t \geq 0)$ *est un mouvement brownien issu de* 0. *Soit* $\bar{q} : \mathbb{R} \to \mathbb{R}_+$ *une fonction telle que :*

$$\int_0^\infty (1 + |x|)\bar{q}(x)\, dx < \infty \quad \textit{et} \quad \liminf_{x \to -\infty} |x|^{2\alpha}\bar{q}(x) > 0, \textit{ pour un } \alpha < 1,$$

et soit θ *l'unique solution de l'équation de Sturm-Liouville suivante :*

$$\begin{cases} \theta''(x) = \theta(x)\bar{q}(x) \\ \lim\limits_{x\to\infty} \theta'(x) = \sqrt{\dfrac{2}{\pi}}, \quad \lim\limits_{x\to-\infty} \theta(x) = 0. \end{cases}$$

Alors,

$$\left(N_t := \theta(X_t) \exp\left(-\frac{1}{2}\int_0^t \bar{q}(X_u)\,du\right), t \geq 0\right) \quad \textit{est une martingale locale,}$$

et on montre dans [RVY06] que $(N_t, t \geq 0)$ *est une vraie martingale. Nous sommes ici dans la situation du Théorème 3.69 avec* $-\frac{1}{2}\bar{q} + \frac{1}{2}\frac{\theta''}{\theta} = 0$. *En d'autres termes, dans ce cas précis,* $(M_t, t \geq 0)$ *est plus qu'un peacock : c'est une martingale.*

Commentaires

La définition de la notion de positivité totale s'inspire à la fois de [Ka64] et de [Ka57]. En particulier, les critères de positivité totale pour les fonctions régulières sont donnés dans [Ka57]. Le lemme 3.9 est un cas particulier du Lemme 0.1 de [Ka64]. Pour l'étude des processus de Markov ayant une fonction de transition totalement positive (d'ordre 2), nous nous référons à [Ka64], [KaMG57], [KaMG59], et [KaMG60]. Le Théorème 3.43 (section 3.3) peut être comparé à d'autres résultats de monotonie conditionnelle dont ceux obtenus par Efron [Efr65], Berk [Be78], et Karlin-Rinot [KR80]. Enfin, l'utilisation de la notion de positivité totale dans l'étude des peacocks est nouvelle.

Chapitre 4

Construction de martingales associées pour une classe de peacocks

D'après un résultat dû à Kellerer [Kel72], il existe pour tout peacock $X := (X_t, t \geq 0)$ une martingale $(M_t, t \geq 0)$ ayant les mêmes marginales unidimensionnelles que X. Il est donc naturel de vouloir exhiber pour chaque peacock étudié une martingale associée, i.e. une martingale qui possède les mêmes marginales unidimensionnelles. De nombreux exemples de construction de martingales associées sont présentés dans [HPRY11], mais pour beaucoup de peacocks, construire des martingales associées reste un problème ouvert.

Nous allons nous intéresser à des méthodes de plongement de Skorokhod qui permettent, en particulier, d'exhiber des martingales associées aux peacocks de la forme $(C_t := \sqrt{t}X, t \geq 0)$, où X est une v.a. intégrable et centrée.

4.1 Le plongement de Skorokhod

Soit X une v.a. intégrable et centrée, et soit $B := (B_t, t \geq 0)$ un mouvement brownien.

Définition 4.1. *Un plongement de Skorokhod de X dans le mouvement brownien B est la donnée d'un temps d'arrêt τ par rapport à une filtration $(\mathcal{F}_t, t \geq 0)$, pour laquelle $(B_t, t \geq 0)$ est un mouvement brownien, qui vérifie :*

i) $B_\tau \overset{(loi)}{=} X$,

ii) $(B_{u\wedge\tau}, u \geq 0)$ *est une* $(\mathcal{F}_u, u \geq 0)$*-martingale uniformément intégrable.*

Il existe plusieurs méthodes permettant de réaliser un tel plongement. Oblòj [Obl04] en a recensé vingt et une que l'on peut scinder en deux groupes :

1) le temps τ est un temps d'arrêt par rapport à la filtration naturelle du mouvement brownien B,
2) le temps τ est un temps d'arrêt par rapport à un grossissement $(\mathcal{F}_t, t \geq 0)$ de la filtration naturelle.

Dans le second cas on dit que le temps d'arrêt τ est randomisé, et le plongement de Skorokhod correspondant est appelé plongement de Skorokhod randomisé. Nous ne nous intéressons ici qu'au premier cas, celui où τ est un temps d'arrêt par rapport à la filtration naturelle du mouvement brownien.

Nous allons construire des martingales associées à certains peacocks grâce au résultat élémentaire suivant :

Théorème 4.2. *([HPRY11]).*
Soit $(X_t, t \geq 0)$ un peacock fixé, et soit $(\mathcal{F}_t, t \geq 0)$ une filtration. Soit $(B_t, t \geq 0)$ un mouvement brownien par rapport à $(\mathcal{F}_t, t \geq 0)$. Supposons que pour tout $t \geq 0$, il existe un temps d'arrêt τ_t par rapport à $(\mathcal{F}_t, t \geq 0)$ tel que :

(i) pour tout $t \geq 0$, $X_t \overset{(loi)}{=} B_{\tau_t}$,

(ii) pour tout $t \geq 0$, $(B_{u\wedge\tau_t}, u \geq 0)$ est une martingale uniformément intégrable,

(iii) $(\tau_t, t \geq 0)$ est croissante p.s.

Alors, $(M_t := B_{\tau_t}, t \geq 0)$ est une martingale associée à X, i.e. telle que :

$$\forall t \geq 0, \ M_t \overset{(loi)}{=} X_t.$$

Pour chacune des méthodes de plongement étudiées, nous allons fournir des conditions suffisantes qui permettent d'obtenir une famille de temps d'arrêt possédant les propriétés (i), (ii) et (iii) ci-dessus.

4.2 Le plongement d'Azéma-Yor

4.2.1 Description de la méthode

Soit $(\mu_t, t \geq 0)$ un peacock intégrable et centré, i.e. une famille de lois de probabilité sur $\mathbb{R}$ telle que :

$$\forall t \geq 0, \ \int_{\mathbb{R}} |y|\mu_t(dy) < \infty \text{ et } \int_{\mathbb{R}} y\mu_t(dy) = 0, \tag{4.1}$$

et telle que pour tout $\psi \in \mathbf{C}$ (voir Remarque 1.2) :

$$t \longmapsto \int_{\mathbb{R}} \psi(y)\mu_t(dy) \text{ est une fonction croissante.} \tag{4.2}$$

Les résultats de ce paragraphe sont liés aux propriétés de la fonction de Hardy-Littlewood associée au peacock $(\mu_t, t \geq 0)$.

Définition 4.3. *Pour tout $t \geq 0$, on pose $\overline{\mu}_t(x) = \mu_t([x, +\infty[)$. On appelle fonction de Hardy-Littlewood de $\mu := (\mu_t, t \geq 0)$ l'application $\Psi_\mu : \mathbb{R}_+ \times \mathbb{R} \to \mathbb{R}$ définie par :*

$$\Psi_\mu(t,x) := \begin{cases} \dfrac{1}{\overline{\mu}_t(x)} \displaystyle\int_{[x,+\infty[} y\, \mu_t(dy) & si\ \overline{\mu}_t(x) \neq 0, \\ x & si\ \overline{\mu}_t(x) = 0. \end{cases} \tag{4.3}$$

Remarque 4.4. *Pour tout $t \geq 0$, $x \longmapsto \Psi_\mu(t,x)$ est croissante, continue à gauche et, pour tout $x \in \mathbb{R}$, $\Psi_\mu(t,x) \geq x$.*

Soient $(B_t, t \geq 0)$ un mouvement brownien standard issu de 0 et $(S_t, t \geq 0)$ le processus croissant défini par :

$$\forall\, t \geq 0, \;\; S_t := \sup_{0 \leq s \leq t} B_s. \tag{4.4}$$

Considérons la famille des temps d'arrêt introduite par Azéma-Yor [AY79] :

$$T_t^\mu := \inf\{v \geq 0;\, S_v \geq \Psi_\mu(t, B_v)\}. \tag{4.5}$$

Théorème 4.5. *Soient $\mu := (\mu_t, t \geq 0)$ un peacock centré, $(B_t, t \geq 0)$ un mouvement brownien standard issu de 0 et $(T_t^\mu, t \geq 0)$ la famille des temps d'arrêt définis par (4.5). Alors,*

1) pour tout $t \geq 0$, la loi de $B_{T_t^\mu}$ est μ_t et $\left(B_{v \wedge T_t^\mu}, v \geq 0\right)$ est une martingale uniformément intégrable ;

2) De plus, si la famille $(T_t^\mu, t \geq 0)$ est presque sûrement croissante, alors $\left(B_{T_t^\mu}, t \geq 0\right)$ est une martingale associée à $(\mu_t, t \geq 0)$.

La preuve du point 1), due à Azéma-Yor [AY79], s'appuie sur les martingales définies par

$$\left(M_u := \varphi(S_u)(S_u - B_u) + \int_{S_u}^{+\infty} \varphi(x)dx, u \geq 0\right),$$

pour toute fonction $\varphi \in L^1(\mathbb{R}_+, dx)$. Mentionnons que Rogers [Rog81] fournit une nouvelle preuve de ce résultat à partir de la théorie des excursions. Le point 2) est une conséquence immédiate du point 1).

Remarque 4.6. *La famille $(T_t^\mu, t \geq 0)$ est presque sûrement croissante si et seulement si :*

$$\forall\, x \in \mathbb{R}, \;\; t \longmapsto \Psi_\mu(t,x) \text{ est une fonction croissante.} \tag{4.6}$$

Nous allons maintenant donner une condition équivalente à (4.6).

4.2.2 Une condition nécessaire et suffisante pour obtenir une famille croissante de temps d'arrêt

Nous commençons par définir la fonction *double queue* d'une famille intégrable de mesures de probabilité $(\mu_t, t \geq 0)$.

Définition 4.7. *On appelle fonction* double queue *d'une famille intégrable de mesures de probabilité $\mu := (\mu_t, t \geq 0)$ l'application $C_\mu : \mathbb{R}_+ \times \mathbb{R} \to \mathbb{R}$ définie par :*

$$\forall\, t \geq 0,\, x \in \mathbb{R}, \;\; C_\mu(t,x) := \int_{[x,+\infty[} (y-x)\mu_t(dy). \tag{4.7}$$

Remarque 4.8.

1) Il existe une caractérisation des peacocks à partir de leurs fonctions double queue (voir [HPRY11], Exercice 1.7). En effet, une famille intégrable de mesures de probabilité $(\mu_t, t \geq 0)$ est un peacock si et seulement si :

i) la fonction $t \longmapsto \int_{\mathbb{R}} y\mu_t(dy)$ *est constante.*

ii) pour tout $x \in \mathbb{R}$, $t \longmapsto C_\mu(t,x)$ *est croissante.*

2) Soient $(\mu_t, t \geq 0)$ un peacock et C_μ sa fonction double queue. Posons

$$a := \int_{\mathbb{R}} y\mu_t(dy).$$

Alors :

i) pour tout $t \geq 0$, $x \longmapsto C_\mu(t,x)$ est une fonction positive, convexe et décroissante, et pour tout $t \geq 0$,

$$\lim_{x\to+\infty} C_\mu(t,x) = 0 \quad et \quad \lim_{x\to-\infty} C_\mu(t,x) + x = a;$$

ii) pour tout $x \in \mathbb{R}$, $t \longmapsto C_\mu(t,x)$ *est croissante.*

3) Pour toute application $C : \mathbb{R}_+ \times \mathbb{R} \to \mathbb{R}$ qui vérifie i) et ii), il existe un unique peacock $(\mu_t, t \geq 0)$ telle que $C = C_\mu$. En particulier,

$$\mu_t(dx) = \frac{\partial^2 C}{\partial x^2}(t,x) \quad et \quad \int_{\mathbb{R}} x\mu_t(dx) = \lim_{x\to-\infty} C(t,x) + x.$$

Nous utiliserons le lemme suivant :

Lemme 4.9. ***([Pie80] ou [RY99], Chapitre VI, Lemme 5.1).***
Soit ν une mesure de probabilité sur $\mathbb{R}$. Désignons par $\overline{\nu}$ la queue de ν, i.e. $\overline{\nu}(x) = \nu([x,+\infty[)$, et par C_ν la fonction double queue de ν, i.e. la fonction définie par :

$$\forall\, x \in \mathbb{R},\ C_\nu(x) = \int_{[x,+\infty[} (y-x)\nu(dy).$$

Soit Ψ_ν la fonction de Hardy-Littlewood associée à ν :

$$\forall\, x \in \mathbb{R},\ \Psi_\nu(x) = \begin{cases} \dfrac{1}{\overline{\nu}(x)} \displaystyle\int_{[x,+\infty[} y\,\nu(dy) & si\ \overline{\nu}(x) \neq 0, \\ x & sinon. \end{cases}$$

Alors, pour tout $b \in \mathbb{R}$ tel que $C_\nu(b) > 0$, et pour tout $a \leq b$,

$$\frac{C_\nu(b)}{C_\nu(a)} = \exp\left(\int_a^b \frac{dx}{x - \Psi_\nu(x)}\right). \tag{4.8}$$

Démonstration.
Soit $x \in [a,b]$. Observons que

$$C_\nu(x) = \int_{[x,+\infty[} \left(\int_x^y dz\right) \nu(dy) = \int_x^{+\infty} \overline{\nu}(z)dz, \tag{4.9}$$

et que

$$\overline{\nu}(x)\Psi_\nu(x) = x\,\overline{\nu}(x) + C_\nu(x). \tag{4.10}$$

Comme $C_\nu(x) \geq C_\nu(b) > 0$, alors (4.10) implique que $\overline{\nu}(x) > 0$ et $\Psi_\nu(x) > x$. Nous déduisons donc de (4.9) et de (4.10) que

$$\frac{C'_\nu(x)}{C_\nu(x)} = -\frac{\overline{\nu}(x)}{C_\nu(x)} = \frac{1}{x - \Psi_\nu(x)}. \tag{4.11}$$

Nous obtenons (4.8) en intégrant (4.11) le long du segment $[a, b]$. □

Grâce au Lemme 4.9, nous montrons que la condition (4.6) est équivalente à la propriété de positivité totale d'ordre 2 de la fonction double queue C_μ (voir Définition 3.1).

Théorème 4.10. *Soit $\mu := (\mu_t, t \geq 0)$ un peacock centré. On désigne par Ψ_μ (resp. C_μ) sa fonction de Hardy-Littlewood (resp. sa fonction double queue). Il y'a équivalence entre :*

i) pour tout $x \in \mathbb{R}$, $t \longmapsto \Psi_\mu(t, x)$ est une fonction croissante ;

ii) La fonction C_μ est TP_2.

Démonstration.
Supposons que pour tout $x \in \mathbb{R}$, $t \longmapsto \Psi_\mu(t, x)$ soit croissante. Nous allons montrer que pour tous $0 \leq s < t$ et $a < b$:

$$C_\mu(s, a)C_\mu(t, b) \geq C_\mu(s, b)C_\mu(t, a). \tag{4.12}$$

Si $C_\mu(s, b) = 0$, la relation (4.12) est évidemment satisfaite.
Supposons que $C_\mu(s, b) > 0$.
Alors,

$$C_\mu(t, a) \geq C_\mu(s, a) \geq C_\mu(s, b) > 0,$$

(car $x \longmapsto C_\mu(s, x)$ est décroissante et $v \longmapsto C_\mu(v, b)$ est croissante)

et

$$C_\mu(t, b) \geq C_\mu(s, b) > 0 \text{ (puisque } v \longmapsto C_\mu(v, b) \text{ est croissante).}$$

Puisque $v \in [s, t] \longmapsto \Psi_\mu(v, x)$ est croissante, alors, en appliquant le Lemme 4.9, nous avons :

$$\begin{aligned}\frac{C_\mu(s, b)}{C_\mu(s, a)} &= \exp\left(\int_a^b \frac{dx}{x - \Psi_\mu(s, x)}\right) \\ &\leq \exp\left(\int_a^b \frac{dx}{x - \Psi_\mu(t, x)}\right) = \frac{C_\mu(t, b)}{C_\mu(t, a)},\end{aligned}$$

ce qui équivaut à (4.12).
Réciproquement, supposons que C_μ soit TP_2 et montrons que

$$\forall\, x \in \mathbb{R},\; t \longmapsto \Psi_\mu(t, x) \text{ est croissante.} \tag{4.13}$$

Soit $x \in \mathbb{R}$ fixé.
Si $\{t \geq 0, \, C_\mu(t,x) > 0\} = \emptyset$, alors $\Psi_\mu(t,x) = x$ pour tout t et (4.13) est vérifié.
Sinon, comme C_μ est TP_2, la fonction (définie sur l'ensemble $\{t \geq 0, \, C_\mu(t,x) > 0\}$)

$$t \longmapsto \frac{1}{C_\mu(t,x)} \frac{\partial C_\mu}{\partial x}(t,x) = \frac{1}{x - \Psi_\mu(t,x)}$$

est croissante. Nous en déduisons (4.13). □

On pourra consulter Dupire [Du94] et Lowther [Low08b] où la fonction double queue C joue aussi un rôle essentiel.

4.2.3 Construction de martingales associées pour une classe de peacocks

Nous commençons par présenter une famille importante de peacocks.

Théorème 4.11. *Soit $\phi : \mathbb{R}_+ \times \mathbb{R} \to \mathbb{R}$ une fonction continue sur $\mathbb{R}_+ \times \mathbb{R}$, de classe $\mathcal{C}^1$ sur $\mathbb{R}_+^* \times \mathbb{R}$, et telle que :*

$$\forall t > 0, \, \forall x \in \mathbb{R}, \, \frac{\partial \phi}{\partial x}(t,x) > 0. \tag{4.14}$$

On suppose que :

$$\forall t > 0, \quad x \longmapsto \widetilde{\phi}(t,x) := \frac{\dfrac{\partial \phi}{\partial t}(t,x)}{\dfrac{\partial \phi}{\partial x}(t,x)} \text{ est croissante.} \tag{4.15}$$

Soit X une v.a. réelle telle que, pour tout $t > 0$,

$$\mathbb{E}[|\phi(t,X)|] < \infty \text{ et } \mathbb{E}[\phi(t,X)] = 0; \tag{4.16}$$

et, pour tout $T > 0$,

$$\mathbb{E}\left[\sup_{0<s\leq T} \left|\frac{\partial \phi}{\partial t}(s,X)\right|\right] < \infty. \tag{4.17}$$

Alors :

1) Le processus $(\phi(t,X), t \geq 0)$ est un peacock.

2) Si $(X_\lambda, \lambda \geq 0)$ est un processus continu à droite, conditionnellement monotone, tel que, pour tout $\lambda \geq 0$, le processus $(\phi(t,X_\lambda), t \geq 0)$ satisfait (4.16)-(4.17), et tel que, pour tout $t > 0$ et pour tout compact $K \subset \mathbb{R}_+$:

$$\mathbb{E}\left[\sup_{\lambda \in K} |\phi(t,X_\lambda)|\right] < \infty,$$

alors, pour toute mesure positive finie ν sur $\mathbb{R}_+$,

$$\left(A_t^{(\nu)} := \int_{\mathbb{R}_+} \phi(t,X_\lambda)\nu(d\lambda), t \geq 0\right) \text{ est un peacock.}$$

Démonstration.
Nous ne montrons que le Point 1), la preuve du Point 2) étant similaire à celle du Théorème 1.9.
Soit $\psi \in \mathbf{C}$. Alors, en utilisant l'hypothèse (4.17), on a :

$$\begin{aligned}\frac{\partial}{\partial t}\mathbb{E}\left[\psi(\phi(t,X))\right] &= \mathbb{E}\left[\frac{\partial \phi}{\partial t}(t,X)\psi'(\phi(t,X))\right] \\ &= \mathbb{E}\left[\frac{\partial \phi}{\partial x}(t,X)\widetilde{\phi}(t,X)\psi'(\phi(t,X))\right],\end{aligned}$$

et si $\widetilde{\phi}_t^{-1}$ désigne l'inverse continu à droite de la fonction $x \longmapsto \widetilde{\phi}(t,x)$, on déduit :

$$\begin{aligned}\frac{\partial}{\partial t}\mathbb{E}\left[\psi(\phi(t,X))\right] &\geq \psi'\left(\phi(t,\widetilde{\phi}_t^{-1}(0))\right)\mathbb{E}\left[\frac{\partial \phi}{\partial x}(t,X)\widetilde{\phi}(t,X)\right] \\ &= \psi'\left(\phi(t,\widetilde{\phi}_t^{-1}(0))\right)\mathbb{E}\left[\frac{\partial \phi}{\partial t}(t,X)\right] \\ &= 0 \text{ (d'après (4.16) et (4.17))};\end{aligned}$$

ce qui montre que $(\phi(t,X), t \geq 0)$ est un peacock. □

Comme application du Théorème 4.10, nous construisons une martingale associée à chaque peacock de la forme $(\phi(t,X), t \geq 0)$. Le résultat qui suit généralise les résultats obtenus dans ([HPRY11], Exercices 7.12 et 7.13).

Théorème 4.12. *Soient $\phi : \mathbb{R}_+ \times \mathbb{R} \to \mathbb{R}$ et X une v.a. réelle qui satisfont aux conditions (4.14)-(4.17) du Théorème 4.11. Pour tout $t \geq 0$, on note μ_t la loi de $\phi(t,X)$, et $\mu := (\mu_t, t \geq 0)$. Supposons que :*

1) pour tout $t > 0$, l'intervalle $\phi(t,\mathbb{R}) =]\tau_-, \tau_+[$ ne dépend pas de t, avec

$$\forall t > 0, \ \tau_- := \lim_{y \to -\infty} \phi(t,y) \ \text{ et } \ \tau_+ := \lim_{y \to +\infty} \phi(t,y),$$

2) la v.a. X admet une densité f strictement positive, et sa queue

$$m : x \longmapsto \mathbb{P}(X \geq x) = \int_x^{+\infty} f(u)\,du$$

est log-concave.

Alors, la famille des temps d'arrêt $(T_t^\mu, t \geq 0)$ donnés par (4.5) est croissante p.s., i.e., si $(B_t, t \geq 0)$ est un mouvement brownien standard issu de 0, alors $(B_{T_t^\mu}, t \geq 0)$ est une martingale associée à $(\mu_t, t \geq 0)$.

Voici quelques exemples d'application du Théorème 4.12.

Exemple 4.13. Soit X une v.a. réelle de densité f strictement positive dont la queue $m : x \longmapsto \displaystyle\int_x^{+\infty} f(y)dy$ est log-concave.

1) Soit $V : \mathbb{R} \to \mathbb{R}$ une fonction convexe de classe $\mathcal{C}^1$ vérifiant $V' > 0$. Supposons que

$$\lim_{y \to -\infty} V(y) = -\infty \text{ et } \lim_{y \to +\infty} V(y) = +\infty,$$

et que pour tout $t > 0$,

$$\mathbb{E}\left[e^{V(tX)}\right] < \infty \text{ et } \mathbb{E}\left[\sup_{0<s\leq t} |X| V'(sX) e^{V(sX)}\right] < \infty. \tag{4.18}$$

On déduit de (4.18) que la fonction $h : t \in \mathbb{R}_+^* \longmapsto \log \mathbb{E}\left[e^{V(tX)}\right]$ est dérivable. De plus, si h est croissante, alors :

$$\forall t > 0,\ x \longmapsto x - \frac{h'(t)}{V'(tx)} \text{ est croissante,}$$

et par conséquent,

$$\left(\phi(t, X) := e^{V(tX) - h(t)} - 1, t \geq 0\right)$$

satisfait aux hypothèses du Théorème 4.12, avec

$$\tau_- = -1 \text{ et } \tau_+ = +\infty.$$

En particulier, si $\mathbb{E}\left[e^{tX}\right] < \infty$ pour tout $t > 0$, alors

$$\left(\phi(t, X) := \frac{e^{tX}}{\mathbb{E}\left[e^{tX}\right]} - 1, t \geq 0\right)$$

satisfait aux hypothèses du Théorème 4.12.

2) Soit $\varphi : \mathbb{R} \to \mathbb{R}$ une fonction de classe $\mathcal{C}^1$ telle que $\varphi' > 0$. On suppose que φ vérifie :

$$\forall t > 0,\ \mathbb{E}\left[\sup_{0<s\leq t} |X| \varphi'(sX)\right] < \infty \text{ et } \mathbb{E}\left[X\varphi'(tX)\right] = 0.$$

Alors,

$$(\phi(t, X) := \varphi(tX) - \mathbb{E}[\varphi(tX)], t \geq 0)$$

vérifie les hypothèses du Théorème 4.12, avec

$$\tau_- = \lim_{y \to -\infty} \varphi(y) \text{ et } \tau_+ = \lim_{y \to +\infty} \varphi(y).$$

3) Soit $\varphi : \mathbb{R} \to \mathbb{R}$ une fonction convexe de classe $\mathcal{C}^1$ satisfaisant $\varphi' > 0$, et telle que :

$$\forall t > 0,\ \mathbb{E}\left[\sup_{0<s\leq t} |X| \varphi'(sX)\right] < \infty. \tag{4.19}$$

Supposons que :

$$\lim_{y \to -\infty} \varphi(y) = -\infty \text{ et } \lim_{y \to +\infty} \varphi(y) = +\infty.$$

Il résulte de (4.19) que $h : t \longmapsto \mathbb{E}[\varphi(tX)]$ est dérivable sur $\mathbb{R}_+^*$. En outre, si h est croissante, alors

$$x \longmapsto x - \frac{h'(t)}{\varphi'(tx)} \text{ est croissante.}$$

On en déduit que :

$$(\phi(t, X) := \varphi(tX) - h(t), t \geq 0)$$

vérifie les hypothèses du Théorème 4.12, avec

$$\tau_- = -\infty \text{ et } \tau_+ = +\infty.$$

En particulier, si, pour tout $t > 0$, $\mathbb{E}\left[e^{tX}\right] < \infty$, et si $h : t \longmapsto \mathbb{E}\left[tX + e^{tX}\right]$ est croissante, alors

$$\left(\phi(t, X) := tX + e^{tX} - h(t), t \geq 0\right)$$

satisfait aux hypothèses du Théorème 4.12.

Dans la preuve du Théorème 4.12, nous utilisons le

Lemme 4.14. *Supposons que la famille des lois de probabilité $\mu = (\mu_t, t \geq 0)$ soit celle du Théorème 4.12. Soit Ψ_μ (resp. C_μ) sa fonction de Hardy-Littlewood (resp. sa fonction double queue). On note $\overline{\mu}_t$ la fonction queue de μ_t ($t \geq 0$). Alors, pour tous $t > 0$ et $x \in]\tau_-, \tau_+[$ tels que $\overline{\mu}_t > 0$, nous avons :*

$$\Psi_\mu(t, x) = x + \frac{1}{m(\phi^{-1}(t, x))} \int_x^{\tau_+} m(\phi^{-1}(t, y))dy.$$

Démonstration.
En effet, pour tous $t > 0$ et $x \in]\tau_-, \tau_+[$,

$$\begin{aligned}
-\frac{\partial C_\mu}{\partial x}(t, x) = \overline{\mu}_t(x) &= \mathbb{P}(\phi(t, X) \geq x) \\
&= \mathbb{P}(X \geq \phi^{-1}(t, x)) \\
&= m(\phi^{-1}(t, x)),
\end{aligned}$$

et de ce fait,

$$C_\mu(t, x) = \int_x^{\tau_+} m(\phi^{-1}(t, y))dy.$$

Nous en déduisons que

$$\Psi_\mu(t, x) = x - \frac{C_\mu(t, x)}{\dfrac{\partial C_\mu}{\partial x}(t, x)} = x + \frac{1}{m(\phi^{-1}(t, x))} \int_x^{\tau_+} m(\phi^{-1}(t, y))dy.$$

□

Démonstration du Théorème 4.12.
Soit $(B_t, t \geq 0)$ un mouvement brownien standard issu de 0. Comme μ_t est intégrable et centré, le plongement d'Azéma-Yor permet de construire un temps d'arrêt T_t^μ tel que $B_{T_t^\mu} \overset{(\text{loi})}{=} \mu_t$. Pour montrer que la famille $(T_t^\mu, t \geq 0)$ est presque sûrement croissante, il suffit de prouver que la fonction double queue C_μ de $(\mu_t, t \geq 0)$ est TP_2 (voir Théorème 4.10 et Remarque 4.6).
Plus précisément, nous montrons que pour tout $x \in]\tau_-, \tau_+[$:

$$t \in \mathbb{R}_+^* \longmapsto \frac{1}{C_\mu(t, x)} \frac{\partial C_\mu}{\partial x}(t, x) \text{ est une fonction croissante.}$$

Pour tous $t > 0$ et $x \in]\tau_-, \tau_+[$, on note $\phi^{-1}(t,x)$ l'unique réel tel que :

$$\phi(t, \phi^{-1}(t,x)) = x. \tag{4.20}$$

En appliquant le Lemme 4.14, on a :

$$\frac{1}{C_\mu(t,x)} \frac{\partial C_\mu}{\partial x}(t,x) = \frac{-\overline{\mu}(t,x)}{C_\mu(t,x)} = \frac{-m(\phi^{-1}(t,x))}{\displaystyle\int_x^{\tau_+} m(\phi^{-1}(t,y))dy}. \tag{4.21}$$

En dérivant (4.20) par rapport à t, nous obtenons :

$$\frac{\partial \phi^{-1}}{\partial t}(t,x) = -\frac{\dfrac{\partial \phi}{\partial t}(t, \phi^{-1}(t,x))}{\dfrac{\partial \phi}{\partial x}(t, \phi^{-1}(t,x))} = -\widetilde{\phi}(t, \phi^{-1}(t,x)). \tag{4.22}$$

Si nous dérivons (4.21), alors, en utilisant (4.22), nous avons :

$$\begin{aligned}
C_\mu^2(t,x)\frac{\partial}{\partial t}\left[\frac{1}{C_\mu(t,x)}\frac{\partial C_\mu}{\partial x}(t,x)\right] &= -\frac{\partial \phi^{-1}}{\partial t}(t,x)\frac{dm}{dx}(\phi^{-1}(t,x))\int_x^{\tau_+} m(\phi^{-1}(t,y))dy \\
&\quad + m(\phi^{-1}(t,x))\int_x^{\tau_+} \frac{\partial \phi^{-1}}{\partial t}(t,y)\frac{dm}{dx}(\phi^{-1}(t,y))dy \\
&= -f(\phi^{-1}(t,x))\int_x^{\tau_+} \widetilde{\phi}(t,\phi^{-1}(t,x))m(\phi^{-1}(t,y))dy \\
&\quad + m(\phi^{-1}(t,x))\int_x^{\tau_+} \widetilde{\phi}(t,\phi^{-1}(t,y))f(\phi^{-1}(t,y))dy;
\end{aligned}$$

c'est-à-dire :

$$\begin{aligned}
&C_\mu^2(t,x)\frac{\partial}{\partial t}\left[\frac{1}{C_\mu(t,x)}\frac{\partial C_\mu}{\partial x}(t,x)\right] \\
&= f(\phi^{-1}(t,x))\int_x^{\tau_+}\left[\widetilde{\phi}(t,\phi^{-1}(t,y)) - \widetilde{\phi}(t,\phi^{-1}(t,x))\right] m(\phi^{-1}(t,y))dy \\
&\quad + f(\phi^{-1}(t,x))\int_x^{\tau_+}\left(\frac{m(\phi^{-1}(t,x))}{f(\phi^{-1}(t,x))} - \frac{m(\phi^{-1}(t,y))}{f(\phi^{-1}(t,y))}\right)\widetilde{\phi}(t,\phi^{-1}(t,y))f(\phi^{-1}(t,y))dy.
\end{aligned}$$

Posons

$$K_1 := \int_x^{\tau_+}\left[\widetilde{\phi}(t,\phi^{-1}(t,y)) - \widetilde{\phi}(t,\phi^{-1}(t,x))\right] m(\phi^{-1}(t,y))dy$$

et

$$K_2 := \int_{\tau_-}^{\tau_+} 1_{[x,\tau_+[}(y)\left(\frac{m(\phi^{-1}(t,x))}{f(\phi^{-1}(t,x))} - \frac{m(\phi^{-1}(t,y))}{f(\phi^{-1}(t,y))}\right)\widetilde{\phi}(t,\phi^{-1}(t,y))f(\phi^{-1}(t,y))dy.$$

Puisque les fonctions $y \in]\tau_-, \tau_+[\longmapsto \phi^{-1}(t,y)$ et $x \longmapsto \widetilde{\phi}(t,x)$ sont croissantes, on a $K_1 \geq 0$. En outre, comme m est log-concave, alors pour tout x fixé, la fonction

$$\theta_x : y \longmapsto 1_{[x,\tau_+[}(y)\left(\frac{m(\phi^{-1}(t,x))}{f(\phi^{-1}(t,x))} - \frac{m(\phi^{-1}(t,y))}{f(\phi^{-1}(t,y))}\right)$$

est croissante et positive.
En notant $\widetilde{\phi}_t^{-1}$ l'inverse continu à droite de la fonction $x \longmapsto \widetilde{\phi}(t,x)$, nous déduisons :

$$\begin{aligned}
K_2 &= \int_{\tau_-}^{\tau_+} \theta_x(y)\widetilde{\phi}(t,\phi^{-1}(t,y))f(\phi^{-1}(t,y))dy \\
&\geq \theta_x\left(\phi(t,\widetilde{\phi}_t^{-1}(0))\right)\int_{\tau_-}^{\tau_+} \widetilde{\phi}(t,\phi^{-1}(t,y))f(\phi^{-1}(t,y))dy \\
&= \theta_x\left(\phi(t,\widetilde{\phi}_t^{-1}(0))\right)\int_{-\infty}^{+\infty} \frac{\partial\phi}{\partial t}(t,z)f(z)dz = 0
\end{aligned}$$

(après le changement de variable $z = \phi^{-1}(t,y)$).

Donc, C_μ est TP_2. Par conséquent, la famille des temps d'arrêt $(T_t^\mu, t \geq 0)$ est presque sûrement croissante. □

Remarque 4.15.

1) Le Théorème 4.12 s'étend aux fonctions f qui sont strictement positives sur un intervalle $]l,r[$ et nulle sur son complémentaire $]l,r[^c$.

2) Si f est log-concave, alors la fonction $m : x \longmapsto \int_x^{+\infty} f(u)\,du$ est log-concave et, avec les notations du Théorème 4.12, $(B_{T_t^\mu}, t \geq 0)$ est une martingale associée à $(\mu_t, t \geq 0)$. Il suffit en effet de voir que $(x,y) \longmapsto m(x-y)$ est TP_2 ; mais :

$$m(x-y) = \int_x^{+\infty} f(v-y)\,dv = \int_{-\infty}^{+\infty} 1_{x\leq v} f(v-y)\,dv,$$

et puisque les fonctions $(x,y) \longmapsto 1_{\{x\leq y\}}$ et $(x,y) \longmapsto f(x-y)$ sont TP_2, alors l'application $(x,y) \longmapsto m(x-y)$ est TP_2 comme produit de convolution de deux applications TP_2 (voir Proposition 3.10).
Signalons une autre méthode pour prouver que m est log-concave. Pour cela, appliquons le Théorème 6 de [Pré73] qui stipule que si $g : \mathbb{R}^2 \to \mathbb{R}$ est une fonction intégrable et log-concave, i.e. pour tous $\overline{x}, \overline{y} \in \mathbb{R}^2$, et pour tout $\alpha \in [0,1]$,

$$g(\alpha\overline{x} + (1-\alpha)\overline{y}) \geq g(\overline{x})^\alpha g(\overline{y})^{1-\alpha},$$

alors

$$x \longmapsto \int_{-\infty}^{+\infty} g(x,y)dy \ \text{ est log-concave.}$$

En effet, la fonction g définie par $g(x,y) = 1_{y\geq x} f(y)$ est log-concave.

Le Théorème 4.12 permet en particulier d'associer des martingales aux peacocks de la forme $(\sqrt{t}X, t \geq 0)$ lorsque la queue de X est log-concave. Nous verrons dans le prochain paragraphe qu'il existe de nombreux exemples de processus du type $(\sqrt{t}X, t \geq 0)$ pour lesquels on peut construire une martingale associée sans que X soit log-concave ; nous construisons en particulier une martingale associée au processus $(\sqrt{t}X, t \geq 0)$ lorsque X est une variable de Student intégrable.

4.2.4 Martingales associées au processus $(\sqrt{t}X, t \geq 0)$

Soit X une v.a. intégrable et centrée. Nous présentons des conditions suffisantes sur la loi de X pour qu'il existe une martingale $(M_t, t \geq 0)$ telle que :

(a) $(M_t, t \geq 0)$ est associée au peacock $(\sqrt{t}X, t \geq 0)$, i.e.

$$\forall t \geq 0, \; M_t \overset{\text{(loi)}}{=} \sqrt{t}X,$$

(b) $(M_t, t \geq 0)$ possède la propriété d'échelle du mouvement brownien, i.e.

$$\forall c > 0, \; (M_{c^2t}, t \geq 0) \overset{\text{(loi)}}{=} (cM_t, t \geq 0), \tag{4.23}$$

(c) $(M_t, t \geq 0)$ est un processus de Markov (inhomogène).

Nous commençons par énoncer l'analogue du Théorème 4.5 pour les processus de la forme $(\sqrt{t}X, t \geq 0)$.

Théorème 4.16. *([HPRY11]). Soit X une v.a. intégrable et centrée de loi μ. Pour tout $t \geq 0$, on note μ_t la loi de $\sqrt{t}X$. Soit $(B_t, t \geq 0)$ un mouvement brownien standard issu de 0. On désigne par Ψ la fonction de Hardy-Littlewood de $(\mu_t, t \geq 0)$:*

$$\Psi_t(x) := \Psi_\mu(t, x) = \frac{1}{\mu_t([x, +\infty[)} \int_{[x,+\infty[} y\mu_t(dy) = \sqrt{t}\Psi_1\left(\frac{x}{\sqrt{t}}\right) \tag{4.24}$$

$$(\textit{avec } \Psi_t(x) = x \textit{ lorsque } \mu_t([x, +\infty[) = 0),$$

et par $(T_t^\mu, t \geq 0)$ la famille des temps d'arrêt d'Azéma-Yor (que nous notons aussi $(T_{\Psi_t}, t \geq 0)$) :

$$T_t^\mu = \{v \geq 0 : S_v \geq \Psi_t(B_v)\}. \tag{4.25}$$

Nous supposons que la famille $(T_t^\mu, t \geq 0)$ est presque sûrement croissante. Alors,

1) $\left(M_t^\mu := B_{T_t^\mu}, t \geq 0\right)$ est une martingale et un processus de Markov (inhomogène),

2) $(M_t^\mu, t \geq 0)$ possède la propriété d'échelle du mouvement brownien (voir (4.23)),

3) $(M_t^\mu, t \geq 0)$ est associée à $(\sqrt{t}X, t \geq 0)$, i.e., pour tout $t \geq 0$, $M_t^\mu \overset{\text{(loi)}}{=} \sqrt{t}X$.

Démonstration.
Les points 1) et 3) découlent du Théorème 4.5. Nous renvoyons en particulier à [MY02], où le générateur infinitésimal de $(M_t^\mu, t \geq 0)$ est calculé. Le point 2) résulte de la propriété d'échelle du mouvement brownien : en effet, cette propriété implique que :

$$\forall c > 0, \; (S_{c^2t}, B_{c^2t}, t \geq 0) \overset{\text{(loi)}}{=} (cS_t, cB_t, t \geq 0),$$

ce qui permet de déduire de la définition (4.25) de T_{Ψ_t} que :

$$\forall c > 0, \; \left(B_{T_{\Psi_t}}, t \geq 0\right) \overset{\text{(loi)}}{=} \left(cB_{T_{\Psi_t^{(c)}}}, t \geq 0\right), \tag{4.26}$$

où $\Psi_t^{(c)}(x) := \frac{1}{c}\Psi_t(cx)$.
En outre, il découle de la relation (voir (4.24))

$$\Psi_t(x) = \sqrt{t}\Psi_1\left(\frac{x}{\sqrt{t}}\right)$$

que, pour tout $c > 0$:

$$\Psi_{c^2t}^{(c)}(x) = \frac{1}{c}\Psi_{c^2t}(cx) = \sqrt{t}\Psi\left(\frac{x}{\sqrt{t}}\right) = \Psi_t(x). \tag{4.27}$$

En combinant (4.26) et (4.27), nous obtenons :

$$\left(B_{T_{\Psi_{c^2t}}}, t \geq 0\right) \overset{\text{(loi)}}{=} \left(cB_{T_{\Psi^{(c)}_{c^2t}}}, t \geq 0\right) \overset{\text{(loi)}}{=} \left(cB_{T_{\Psi_t}}, t \geq 0\right).$$

□

Exemple 4.17. Voici des exemples d'application du Théorème 4.16 qui sont étudiés en détails dans [MYY12].

i) L'exemple du "barrage" :

$$\mu_t(dx) = \frac{1}{\sqrt{t}}\exp\left(-\frac{1}{\sqrt{t}}(x+\sqrt{t})\right)1_{[-\sqrt{t},+\infty[}(x)dx$$

qui donne le temps d'arrêt $T_t := \inf\{v \geq 0;\, S_v - B_v = \sqrt{t}\}$. Notons que d'après le Théorème de Lévy, $(S_v - B_v, v \geq 0)$ est un mouvement brownien réfléchi en 0.

ii) L'exemple du "BES^3 de Pitman" :

$$\mu_t(dx) = \frac{1}{2\sqrt{t}}1_{[-\sqrt{t},\sqrt{t}]}(x)dx$$

qui correspond au temps d'arrêt $T_t := \{v \geq 0;\, 2S_v - B_v = \sqrt{t}\}$. Remarquons que d'après le Théorème de Pitman, $(2S_v - B_v, v \geq 0)$ a même loi qu'un processus de Bessel de dimension 3 issu de 0.

iii) L'"éventail" d'Azéma-Yor (qui est une généralisation des deux exemples précédents) :

$$\mu_t^{(\alpha)} = \frac{\alpha}{\sqrt{t}}\left(\alpha - \frac{(1-\alpha)x}{\sqrt{t}}\right)^{\frac{2\alpha-1}{1-\alpha}} 1_{\left[-\sqrt{t},\frac{\alpha\sqrt{t}}{1-\alpha}\right]}(x)dx, \qquad (0 < \alpha < 1)$$

qui est associé au temps d'arrêt $T_t^{(\alpha)} := \{v \geq 0;\, S_v = \alpha(B_v + \sqrt{t})\}$. Observons que l'exemple ii) correspond au cas $\alpha = \frac{1}{2}$, tandis que l'exemple i) s'obtient en faisant tendre α vers 1.

4.2.5 La condition de Madan-Yor

Nous énonçons et prouvons l'analogue du Théorème 4.10 pour les processus de la forme $(\sqrt{t}X, t \geq 0)$.

Lemme 4.18. ***(Madan-Yor [MY02], Lemme 3).*** *Soit X une variable aléatoire de loi μ, soit Ψ_1 sa fonction de Hardy-Littlewood :*

$$\Psi_1(x) = \begin{cases} \dfrac{1}{\overline{\mu}(x)} \displaystyle\int_{[x,+\infty[} y\mu(dy) & si\ \overline{\mu}(x) > 0, \\ x & si\ \overline{\mu}(x) = 0, \end{cases}$$

et soit C_1 sa fonction double queue :

$$\forall x \in \mathbb{R}, \quad C_1(x) := C_\mu(1, x) = \int_x^{+\infty} \overline{\mu}(y)dy,$$

où $\overline{\mu}(y) = \mathbb{P}(X \geq y)$. Alors, il y a équivalence entre :

i) la famille des temps d'arrêt $(T_t, t \geq 0)$ est telle que :

$$t \longmapsto T_t \ \ est\ p.s.\ croissante, \tag{I}$$

ii) la fonction Ψ_1 vérifie :

$$D_1 : x \longmapsto \frac{x}{\Psi_1(x)} \quad est\ croissante\ sur\ \mathbb{R}_+, \tag{MY}$$

iii) la fonction C_1 satisfait :

$$\kappa : x \longmapsto -\frac{xC_1'(x)}{C_1(x)} \quad est\ croissante\ sur\ \mathbb{R}_+. \tag{$\widetilde{MY}$}$$

Démonstration.

1) Montrons que i)$\Longleftrightarrow$ ii).
Nous savons que la famille des temps d'arrêt $(T_t, t \geq 0)$ est p.s. croissante si et seulement si :

$$\forall x \in \mathbb{R}, \ \ t \longmapsto \Psi_t(x) \text{ est une fonction croissante.}$$

Mais, $\Psi_t(x) = \sqrt{t}\Psi_1\left(\dfrac{x}{\sqrt{t}}\right)$. Ainsi, si $x \leq 0$, alors $t \longmapsto \Psi_t(x)$ est croissante, puisque Ψ_1 est une fonction croissante et positive, et puisque $t \longmapsto \dfrac{x}{\sqrt{t}}$ est croissante. Lorsque $x > 0$, on pose $a_t = \dfrac{x}{\sqrt{t}}$ et on obtient :

$$\Psi_t(x) = \sqrt{t}\Psi\left(\frac{x}{\sqrt{t}}\right) = x\frac{\Psi_1(a_t)}{a_t}.$$

Comme $t \longmapsto a_t$ est décroissante, on déduit que la famille $(T_t, t \geq 0)$ est p.s. croissante si et seulement si $D_1 : x \longmapsto \dfrac{x}{\Psi_1(x)}$ est croissante sur $\mathbb{R}_+$.

2) Montrons que ii) $\Longleftrightarrow$ iii).

Il suffit de vérifier l'équivalence des conditions (MY) et $(\widetilde{MY})$. En effet, pour tout $x \in \mathbb{R}_+$ tel que $C_1(x) > 0$, nous avons :

$$\kappa(x) = -\frac{xC_1'(x)}{C_1(x)} = \frac{x\,\overline{\mu}(x)}{C_1(x)} = \frac{x}{\Psi_1(x) - x} = \frac{1}{\dfrac{1}{D_1(x)} - 1};$$

ce qui montre que κ est croissante si et seulement si D_1 est croissante. □

Définition 4.19.

1) Nous dirons qu'une fonction $F : [0, l[\to \mathbb{R}$ $(0 < l \leq +\infty)$ satisfait $(\widetilde{MY})$ si F est de classe $\mathcal{C}^1$ et vérifie

$$x \longmapsto -\frac{xF'(x)}{F(x)} \text{ est croissante};$$

2) Soit μ une mesure positive finie sur $[0, l[$ $(0 < l \leq +\infty)$ telle que

$$\int_{[0,l[} y\mu(dy) < \infty.$$

Nous dirons que μ satisfait $(\widetilde{MY})$ si la fonction double queue C_μ de μ satisfait $(\widetilde{MY})$;

3) nous dirons qu'une v.a. intégrable X à valeurs dans $]-\infty, l[$ $(0 < l \leq +\infty)$ satisfait $(\widetilde{MY})$ si la restriction à $[0, l[$ de la fonction double queue de X satisfait $(\widetilde{MY})$.

Dans [MY02], Madan-Yor montrent que (I) équivaut à (MY). Mais, $(\widetilde{MY})$ est une réécriture de (MY) qui offre au moins deux avantages. Le premier est qu'il existe une caractérisation des fonctions de classe $\mathcal{C}^1$ sur $]0, l[$ $(0 < l \leq +\infty)$ qui vérifient $(\widetilde{MY})$.

Proposition 4.20. ***([HPRY11], Proposition 7.1).*** *Soit F une fonction de classe $\mathcal{C}^1$ sur $]0, l[$ $(0 < l \leq +\infty)$, et strictement positive. Il y a équivalence entre :*

i) La fonction $\varepsilon : x \longmapsto -\dfrac{xF'(x)}{F(x)}$ est croissante, i.e. F satisfait $(\widetilde{MY})$.

ii) Pour tout $c \in]0, 1[$, la fonction $x \longmapsto \dfrac{F(x)}{F(x\,c)}$ est décroissante.

iii) La fonction F est de la forme :

$$F(x) = e^{-V(x)}, \quad \text{où } x \longmapsto xV'(x) \text{ est croissante.} \tag{4.28}$$

Sous l'une de ces hypothèses, on a alors : pour tous $x, y \in]0, l[$,

$$V(y) - V(x) = \int_x^y \frac{\varepsilon(z)}{z} dz,$$

de sorte que :

$$F(y) = F(x) \exp\left(-\int_x^y \frac{\varepsilon(z)}{z} dz\right). \tag{4.29}$$

Démonstration.

1) Montrons que i) $\Longleftrightarrow$ ii).
Si i) est vérifié, alors ii) l'est aussi. En effet, pour tout $c \in]0,1[$, on a :

$$\frac{F(x)}{F(xc)} = \exp\left(-\int_{xc}^{x} \frac{\varepsilon(z)}{z} dz\right) = \exp\left(-\int_{c}^{1} \frac{\varepsilon(xv)}{v} dv\right) \tag{4.30}$$

qui décroît en la variable x (car ε est croissante et $0 < c < 1$). Inversement, on déduit de (4.30) que pour tout $c \in]0,1[$,

$$x \longmapsto \int_{xc}^{x} \frac{\varepsilon(z)}{z} dz \text{ est une fonction croissante.}$$

Ainsi, en dérivant, on obtient :

$$\forall\, x \in]0,l[,\ c \in]0,1[,\ \ \varepsilon(x) - \varepsilon(xc) \geq 0,$$

ce qui prouve que ε est une fonction croissante.

2) Montrons que ii) $\Longleftrightarrow$ iii).
En utilisant les représentations (4.28) et (4.29) de F, on déduit que

$$\forall\, x, y \in]0,l[,\ V(y) = \int_{x}^{y} \frac{\varepsilon(v)}{v} dv - \ln F(x); \tag{4.31}$$

et en dérivant (4.31), on obtient

$$\forall\, x \in]0,l[,\ \ xV'(x) = \varepsilon(x),$$

ce qui montre que ii) et iii) sont équivalents. □

Le second avantage est lié au fait qu'une variable aléatoire à densité possède la propriété $(\widetilde{MY})$ dès que sa densité ou sa queue satisfait $(\widetilde{MY})$. Plus précisément, on montre que :

Lemme 4.21. *Soit X une variable aléatoire de loi $\mu(dx) = f(x)dx$, où f est strictement positive de classe $\mathcal{C}^1$ sur $]0,l[$ $(0 < l \leq +\infty)$. On note $\overline{\mu}$, resp. $\overline{\overline{\mu}}$ la queue, resp. la fonction double queue de X.*

1) Si f satisfait $(\widetilde{MY})$, alors $\overline{\mu}$ et $\overline{\overline{\mu}}$ satisfont $(\widetilde{MY})$.

2) Si $\overline{\mu}$ vérifie $(\widetilde{MY})$, alors il en est de même de $\overline{\overline{\mu}}$.

Démonstration.

1) Supposons que f vérifie $(\widetilde{MY})$.

i) Montrons que $\overline{\mu}$ satisfait $(\widetilde{MY})$.
D'après la proposition 4.20, il suffit de vérifier que pour tout $c \in]0,1[$,

$$x \in]0,l[\longmapsto \frac{\overline{\mu}(x)}{\overline{\mu}(cx)} \text{ est décroissante.} \tag{4.32}$$

Pour tous $x \in]0,l[$ et $c \in]0,1[$, nous avons :

$$\frac{\overline{\mu}(cx)}{\overline{\mu}(x)} = \frac{\displaystyle\int_{cx}^{l} f(y)dy}{\displaystyle\int_{x}^{l} f(y)dy} = \frac{\displaystyle\int_{c}^{l/x} f(xz)dz}{\displaystyle\int_{1}^{l/x} f(xz)dz} \quad \text{(en posant } y = xz\text{)}$$

$$= 1 + \frac{\displaystyle\int_{c}^{1} f(xz)dz}{\displaystyle\int_{1}^{l/x} f(xz)dz} = 1 + \frac{\displaystyle\int_{c}^{1} \frac{f(xz)}{f(x)}dz}{\displaystyle\int_{1}^{l/x} \frac{f(xz)}{f(x)}dz}.$$

Puisque f satisfait (4.32) (d'après la Proposition 4.20), alors :

$$\forall\, z \in [c,1],\ x \longmapsto \frac{f(xz)}{f(x)} \text{ est croissante,}$$

et

$$\forall\, z \in [1,+\infty[,\ x \longmapsto 1_{[1,\frac{l}{x}]}(z)\frac{f(xz)}{f(x)} \text{ est décroissante,}$$

comme produit de deux fonctions décroissantes positives.
On en déduit que

$$\forall\, c \in]0,1[,\ x \in]0,l[\longmapsto \frac{\overline{\mu}(cx)}{\overline{\mu}(x)} \text{ est croissante,}$$

ce qui équivaut à (4.32).

ii) Si on remplace f par $\overline{\mu}$, et $\overline{\mu}$ par $\overline{\overline{\mu}}$, alors, en s'inspirant de i), on montre que $\overline{\overline{\mu}}$ vérifie (4.32).

2) La preuve du point 2) est identique à celle du point ii) de 1). □

Remarque 4.22. *La preuve du Lemme 4.21 peut s'effectuer en remarquant qu'une fonction strictement positive f de classe $\mathcal{C}^1$ sur $]0,l[$ $(0 < l \leq +\infty)$ satisfait $(\widetilde{MY})$ si et seulement si*

$$\widetilde{f} : (t,x) \longmapsto 1_{]0,\sqrt{t}\,l[}(x) f\left(\frac{x}{\sqrt{t}}\right) \quad \textit{est } TP_2 \textit{ sur } \mathbb{R}_+^* \times \mathbb{R}_+^*.$$

En effet, pour tous $0 < x < \sqrt{t}\,l \leq +\infty$, on a :

$$\frac{2t}{\widetilde{f}(t,x)}\frac{\partial \widetilde{f}}{\partial t}(t,x) = -\frac{\dfrac{x}{\sqrt{t}} f'\left(\dfrac{x}{\sqrt{t}}\right)}{f\left(\dfrac{x}{\sqrt{t}}\right)},$$

ce qui montre que f vérifie $(\widetilde{MY})$ si et seulement si $\widetilde{f}$ est TP_2 sur $\mathbb{R}_+^* \times \mathbb{R}_+^*$.

Exemple 4.23. Parmi les variables aléatoires intégrables qui possèdent la propriété $(\widetilde{MY})$, on trouve les variables gaussiennes, les variables uniformes, les variables exponentielles et les variables de Student intégrables.

Nous obtenons d'autres exemples de variables aléatoires satisfaisant $(\widetilde{MY})$ grâce aux résultats ci-après :

Proposition 4.24. *Soit X une v.a. intégrable et centrée, de loi $\mu(dx) = f(x)dx$, où f est une fonction continue et strictement positive sur $\mathbb{R}_+$. Alors, les conditions suivantes impliquent que μ satisfait $(\widetilde{MY})$.*

(A0) La fonction $x \longmapsto \log(x\,\overline{\mu}(x))$ est concave sur $\mathbb{R}_+$,

$(\widetilde{A0})$ La fonction $x \longmapsto \log(x\,f(x))$ est concave sur $\mathbb{R}_+$.

Démonstration.

1) Pour montrer que X satisfait $(\widetilde{MY})$, il suffit de vérifier que :

$$\forall\, x \in \mathbb{R}_+, \quad \Delta_x := (\overline{\mu}(x) - xf(x)) \int_x^{+\infty} \overline{\mu}(y)dy + x\overline{\mu}^2(x) \geq 0.$$

En effet :

$$\Delta_x = C_1^2(x)\frac{d}{dx}\left(\frac{x\,\overline{\mu}(x)}{C_1(x)}\right) = C_1^2(x)\frac{d}{dx}\left(-\frac{x\,C_1'(x)}{C_1(x)}\right),$$

où, pour tout $x \in \mathbb{R}$,

$$\overline{\mu}(x) = \int_x^{+\infty} f(y)dy \text{ et } C_1(x) = \int_x^{+\infty} \overline{\mu}(y)dy.$$

Notons que (A0) équivaut à :

$$\forall\, 0 \leq x \leq y, \quad \frac{1}{x} - \frac{f(x)}{\overline{\mu}(x)} \geq \frac{1}{y} - \frac{f(y)}{\overline{\mu}(y)}. \tag{4.33}$$

D'autre part,

$$\begin{aligned}\Delta_x &= \overline{\mu}(x)\int_x^{+\infty} \overline{\mu}(y)\,dy - xf(x)\int_x^{+\infty} \overline{\mu}(y)dy + x\overline{\mu}(x)\int_x^{+\infty} f(y)dy \\ &= x\overline{\mu}(x)\int_x^{+\infty} \overline{\mu}(y)\left[\frac{1}{x} - \frac{f(x)}{\overline{\mu}(x)} + \frac{f(y)}{\overline{\mu}(y)}\right]dy \geq 0 \text{ (d'après (4.33))}.\end{aligned}$$

2) Nous montrons à l'aide de $(\widetilde{A0})$ que la queue de X vérifie $(\widetilde{MY})$; ce qui, d'après le Lemme 4.21, entraîne que la fonction double queue de X satisfait $(\widetilde{MY})$.
Commençons par observer que la queue $\overline{\mu}$ de X vérifie $(\widetilde{MY})$ si et seulement si :

$$x \longmapsto \frac{x\,f(x)}{\overline{\mu}(x)} \text{ est une fonction croissante sur } \mathbb{R}_+.$$

i.e.

$$\forall\, x \in \mathbb{R}_+, \quad \delta_x := (f(x) + xf'(x)) \int_x^{+\infty} f(y)dy + xf^2(x) \geq 0, \tag{4.34}$$

où f' désigne la dérivée à droite de f (qui est bien définie d'après $(\widetilde{A0})$).
Pour tout $x \in \mathbb{R}_+$, on a :

$$\begin{aligned}\delta_x &= f(x)\int_x^{+\infty} f(y)dy + xf'(x)\int_x^{+\infty} f(y)dy - xf(x)\int_x^{+\infty} f'(y)dy \\ &= xf(x)\int_x^{+\infty} f(y)\left(\frac{1}{x}+\frac{f'(x)}{f(x)}-\frac{f'(y)}{f(y)}\right)dy.\end{aligned}$$

Mais, $(\widetilde{A0})$ équivaut à :

$$x \longmapsto \frac{1}{x}+\frac{f'(x)}{f(x)} \text{ est une fonction croissante sur } \mathbb{R}_+.$$

Autrement dit, pour tous $0 < x \leq y$,

$$\frac{1}{x}+\frac{f'(x)}{f(x)} \geq \frac{1}{y}+\frac{f'(y)}{f(y)} \geq \frac{f'(y)}{f(y)},$$

ce qui prouve (4.34). □

Le second résultat concerne les variables aléatoires à valeurs dans $]-\infty, 1]$.

Proposition 4.25. *([HPRY11], Théorème 7.13 et Exercice 7.10). Soit X une v.a. sur $]-\infty,1]$ intégrable et centrée, de loi $\mu(dx) = f(x)dx$, où f est continue et strictement positive sur $]0,1[$.*

1) X satisfait $(\widetilde{MY})$ dès que (A_1) ou (A_2) est satisfait, avec :

(A_1) pour tout $x \in]0,1[$

$$\overline{\mu}(x) := \int_x^1 f(y)dy \geq x(1-x)f(x),$$

(A_2) la fonction $x \longmapsto \log(x\overline{\mu}(x))$ est concave sur $]0,1[$.

2) On suppose en outre que f est continue en $x_0 = 1$, et de classe $\mathcal{C}^1$ sur $]0,1[$. Alors, X satisfait $(\widetilde{MY})$ dès que (A_3) ou (A_4) est satisfait, avec :

(A_3) f est décroissante sur $]0,1[$ et la fonction $x \longmapsto \dfrac{xf(x)}{1-x}$ est croissante sur $]0,1[$,

(A_4) la fonction $x \longmapsto \log(x\,f(x))$ est concave sur $]0,1[$.

Démonstration.

1) Nous montrons, sous chacune des hypothèses (A_1) et (A_2), que la fonction double queue de X vérifie $(\widetilde{MY})$ sur $]0,1[$, i.e. que :

$$\forall\, x \in]0,1[,\ \widehat{\Delta}_x := (\overline{\mu}(x) - xf(x))\int_x^1 \overline{\mu}(y)dy + x\overline{\mu}^2(x) \geq 0. \tag{4.35}$$

i) Supposons (A_1).
Remarquons que (A_1) équivaut à :

$$\forall\, x \in]0,1[, \;\; \overline{\mu}(x) - xf(x) \geq -\frac{x}{1-x}\overline{\mu}(x),$$

de sorte que

$$\widehat{\Delta}_x \geq x\overline{\mu}(x)\left(\overline{\mu}(x) - \frac{1}{1-x}\int_x^1 \overline{\mu}(y)dy\right) = \frac{x\overline{\mu}(x)}{1-x}\int_x^1 [\overline{\mu}(x) - \overline{\mu}(y)]dy \geq 0.$$

ii) La démonstration du cas (A_2) est identique à celle du Point 1) de la Proposition 4.24.

2) Nous allons montrer que chacune des hypothèses (A_3) et (A_4) implique que la queue de X vérifie $(\widetilde{MY})$. Nous savons que la queue $\overline{\mu}$ de X vérifie $(\widetilde{MY})$ si et seulement si :

$$\forall\, x \in]0,1[, \;\; \widehat{\delta}_x := (f(x) + xf'(x))\int_x^1 f(y)dy + xf^2(x) \geq 0. \tag{4.36}$$

i) Supposons (A_3).
Comme $x \in]0,1[\longmapsto \dfrac{x\,f(x)}{1-x}$ est croissante, alors :

$$\forall\, x \in]0,1[, \;\; f(x) + x(1-x)f'(x) \geq 0,$$

i.e.

$$\forall\, x \in]0,1[, \;\; f(x) + xf'(x) \geq -\frac{x\,f(x)}{1-x}.$$

Ainsi, pour tout $x \in]0,1[$,

$$\begin{aligned}\widehat{\delta}_x &\geq -\frac{x\,f(x)}{1-x}\int_x^1 f(y)dy + xf^2(x)\\ &= xf(x)\left(f(x) - \frac{1}{1-x}\int_x^1 f(y)dy\right)\\ &= \frac{xf(x)}{1-x}\int_x^1 [f(x) - f(y)]dy \geq 0 \;\; (\text{car } f \text{ est décroissante}).\end{aligned}$$

ii) Supposons (A_4).
Pour tout $x \in]0,1[$, on a :

$$\begin{aligned}\widehat{\delta}_x &= f(x)\int_x^1 f(y)dy + xf'(x)\int_x^1 f(y)dy + xf(x)[f(x) - f(1) + f(1)]\\ &\geq f(x)\int_x^1 f(y)dy + xf'(x)\int_x^1 f(y)dy + xf(x)[f(x) - f(1)]\\ &\geq f(x)\int_x^1 f(y)dy + xf'(x)\int_x^1 f(y)dy - xf(x)\int_x^1 f'(y)dy\\ &= xf(x)\int_x^1 f(y)\left(\frac{1}{x} + \frac{f'(x)}{f(x)} - \frac{f'(y)}{f(y)}\right)dy;\end{aligned}$$

et, puisque (A_4) équivaut à :

$$x \in]0,1[\longmapsto \frac{1}{x} + \frac{f'(x)}{f(x)} \text{ est une fonction croissante,}$$

on déduit :

$$\forall\, 0 < x \leq y \leq 1, \quad \frac{1}{x} + \frac{f'(x)}{f(x)} \geq \frac{1}{y} + \frac{f'(y)}{f(y)} \geq \frac{f'(y)}{f(y)},$$

ce qui prouve (4.36).

□

Nous donnons quelques exemples de densités de mesures satisfaisant la propriété $(\widetilde{MY})$.

Exemple 4.26.

1) **Les densités** $f(x) = x^\alpha \cosh(x^\beta) 1_{]0,1]}(x)$ $(\alpha > -1, \beta \geq 0)$ vérifient :

$$x \in]0,1[\longmapsto x^2 f(x) \text{ est croissante.} \tag{4.37}$$

On en déduit que :

$$\overline{\mu}(x) := \int_x^1 f(y)dy = \int_x^1 \frac{y^2 f(y)}{y^2} dy \geq x^2 f(x) \left(\frac{1}{x} - 1\right) = x(1-x)f(x),$$

i.e. f satisfait (A_1), ce qui implique $(\widetilde{MY})$ (voir Proposition 4.25).
Le raisonnement précédent s'applique aux densités

$$f(x) = x^\alpha \cosh(x^\beta) 1_{]0,1]}(x) \ (\alpha > -1, \beta \geq 0).$$

2) **Les densités** $f(x) = (1-x)^\alpha e^{x^\beta} 1_{[0,1[}(x)$ avec $\alpha > -1$ et $0 \leq \beta \leq 1$.

i) Si $-1 < \alpha \leq 0$ et $0 \leq \beta \leq 1$, alors

$$x \longmapsto x^2 f(x) \text{ est croissante}$$

et l'hypothèse (A_1) est satisfaite.

ii) Si $\alpha > 0$ et $0 \leq \beta \leq 1$, alors (A_4) est vérifiée, puisque

$$x \in]0,1[\longmapsto \log(xf(x)) = \log x + \alpha \log(1-x) + x^\beta \text{ est concave,}$$

ce qui, d'après la Proposition 4.25, implique $(\widetilde{MY})$.

3) **Les densités** $f(x) = (1-x)^\alpha \sinh(x^\beta) 1_{]0,1]}(x)$, où $\alpha > -1$ et $0 \leq \beta \leq 1$.

i) Si $-1 < \alpha \leq 0$ (et $0 \leq \beta \leq 1$), alors

$$x \longmapsto x^2 f(x) \text{ est une fonction croissante,}$$

ce qui implique (A_1).

ii) Si $\alpha > 0$, alors

$$x \in]0,1[\longmapsto \frac{1}{x} + \frac{f'(x)}{f(x)} = \frac{1}{x} - \frac{\alpha}{1-x} + \beta \frac{1}{x^{1-\beta}\tanh(x^\beta)} \text{ est décroissante.}$$

Par conséquent :

$$x \in]0,1[\longmapsto \log(x\, f(x)) \text{ est une fonction concave,}$$

qui est l'hypothèse (A_4).

4) **Les mesures de densités** $f(x) = x^\alpha e^{-x^\beta} 1_{]0,+\infty[}$ $(\alpha > -1, \beta \in \mathbb{R})$ vérifient $(\widetilde{MY})$, puisque h satisfait $(\widetilde{MY})$ pour tous $\alpha > -1$ et $\beta \in \mathbb{R}$.

Nous renvoyons à [HPRY11], Section 7.4 pour d'autres exemples de mesures satisfaisant $(\widetilde{MY})$. Nous terminons cette section par deux exemples où $(\widetilde{MY})$ n'est pas (toujours) vérifiée.

Exemple 4.27. ([HPRY11]).
Soit μ la mesure de densité f définie par :

$$f(x) = c1_{[0,p[}(x) + 1_{[p,1]}(x) \; (c \geq 0, p \in]0,1[).$$

Alors, pour tout $x \in [0,1]$,

$$\begin{aligned}
\overline{\mu}(x) = \int_x^1 f(y)dy &= [c(p-x) + (1-p)]1_{[0,p[}(x) + (1-x)1_{[p,1]}(x) \\
&= [(c-1)(p-x) + (1-x)]1_{[0,p[}(x) + (1-x)1_{[p,1]}(x).
\end{aligned}$$

Ainsi, pour tout $x \in [0,p[$,

$$\begin{aligned}
C_\mu(x) := \int_x^1 \overline{\mu}(y)dy = \int_x^p [c(p-y) + (1-p)]dy + \int_p^1 (1-y)dy \\
&= (1-p)(p-x) + \frac{c}{2}(p-x)^2 + \frac{1}{2}(1-p)^2 \\
&= \frac{1}{2}\left[(c-1)(p-x)^2 + (1-x)^2\right],
\end{aligned}$$

et

$$g(x) := \frac{x\overline{\mu}(x)}{C_\mu(x)} = 2\,\frac{x\left[(c-1)(p-x) + (1-x)\right]}{(c-1)(p-x)^2 + (1-x)^2}.$$

Rappelons que μ satisfait $(\widetilde{MY})$ si et seulement si g est croissante (cf. Théorème 4.16). Mais, pour tout $x \in [0,p[$,

$$\begin{aligned}
\frac{1}{2}C_\mu^2(x)g'(x) = &[(c-1)(p-x) + (1-x) - cx]\left[(c-1)(p-x)^2 + (1-x)^2\right] \\
&+ 2x[(c-1)(p-x) + (1-x)]^2.
\end{aligned}$$

En particulier,

$$\frac{1}{2}C_\mu^2(p^-)g'(p^-) = (1-p-cp)(1-p)^2 + 2p(1-p)^2 = [1-(c-1)p](1-p)^2.$$

On en déduit que pour $c \leq 1 + \frac{1}{p}$, $g'(p^-) \geq 0$, et pour $c > 1 + \frac{1}{p}$, $g'(p^-) < 0$. En d'autres termes, μ vérifie $(\widetilde{MY})$ si et seulement si $c \leq 1 + \frac{1}{p}$.

Exemple 4.28. Soit μ la mesure de densité f donnée par :

$$\forall x \in \mathbb{R}_+, \; f(x) = c 1_{[0,p[}(x) + e^{-x} 1_{[p,+\infty[}(x) \; (c \geq 0, p > 0).$$

Pour tout $x \in \mathbb{R}_+$,

$$\overline{\mu}(x) = \int_x^{+\infty} f(y)dy = \left(c(p-x) + e^{-p}\right) 1_{[0,p[}(x) + e^{-p} 1_{[p,+\infty[}(x).$$

Par conséquent, pour $x \in [0, p[$,

$$\begin{aligned} C_\mu(x) = \int_x^{+\infty} \overline{\mu}(y)dy &= \int_x^p \left[c(p-y) + e^{-p}\right] dy + \int_p^{+\infty} e^{-y} dy \\ &= \frac{c}{2}(p-x)^2 + (1+p-x)e^{-p}, \end{aligned}$$

et

$$g(x) := \frac{x\overline{\mu}(x)}{C_\mu(x)} = 2\frac{x\left[c(p-x) + e^{-p}\right]}{c(p-x)^2 + 2(1+p-x)e^{-p}}.$$

Ainsi,

$$\begin{aligned} \frac{1}{2}C_\mu^2(x)g'(x) = &\left(c(p-x) + e^{-p} - cx\right)\left(c(p-x)^2 + 2(1+p-x)e^{-p}\right) \\ &+ 2x\left(c(p-x) + e^{-p}\right)^2, \end{aligned}$$

et, en particulier,

$$\frac{1}{2}C_\mu^2(p^-)g'(p^-) = 2\left[(e^{-p} - cp)e^{-p} + e^{-2p}\right] = 2e^{-p}\left(2e^{-p} - cp\right).$$

Donc, μ satisfait $(\widetilde{MY})$ si et seulement si $c \leq \dfrac{2e^{-p}}{p}$.

4.2.6 Modification de martingales

Nous commençons par énoncer un équivalent du théorème de Kellerer.

Théorème 4.29. *([Kel72]). Soit C une fonction réelle sur $\mathbb{R}_+ \times \mathbb{R}$. Alors, il y a équivalence entre :*

1) Il existe une martingale $(M_t, t \geq 0)$ telle que, pour tout $x \in \mathbb{R}$,

$$\mathbb{E}[(M_t - x)^+] = C(t, x).$$

2) i) Pour tout $x \in \mathbb{R}$, $t \longmapsto C(t,x)$ est croissante.

ii) Pour tout $t \geq 0$, $x \longmapsto C(t,x)$ est convexe.

iii) $\lim_{x \to +\infty} C(t,x) = 0$ *et il existe* $\alpha \in \mathbb{R}$ *tel que, pour tout* $t \geq 0$,

$$\lim_{x \to -\infty} C(t,x) + x = \alpha.$$

Dans ce cas, $\alpha = \mathbb{E}[M_t]$ *et la loi* μ_t *de* M_t *est égale à* $\frac{\partial^2 C}{\partial x^2}$ *(au sens des distributions).*

Soit $C : \mathbb{R}_+ \times \mathbb{R} \to \mathbb{R}_+$ une fonction satisfaisant aux hypothèses du Théorème 4.29, et soit $(M_t, t \geq 0)$ une martingale càdlàg associée. Soient $a, b \in \mathbb{R}$ tels que $a < b$. Nous définissons la fonction $C^{a,b} : \mathbb{R}_+ \times \mathbb{R} \to \mathbb{R}_+$ par :

$$C^{a,b}(t,x) = \begin{cases} \frac{b-x}{b-a} C(t,a) + \frac{x-a}{b-a} C(t,b) & \text{si } x \in [a,b] \\ C(t,x) & \text{si } x \notin]a,b[. \end{cases} \tag{4.38}$$

En d'autres termes, $C^{a,b}(t,\cdot)$ est obtenu en remplaçant $C(t,\cdot)$ sur l'intervalle $[a,b]$ par sa corde.

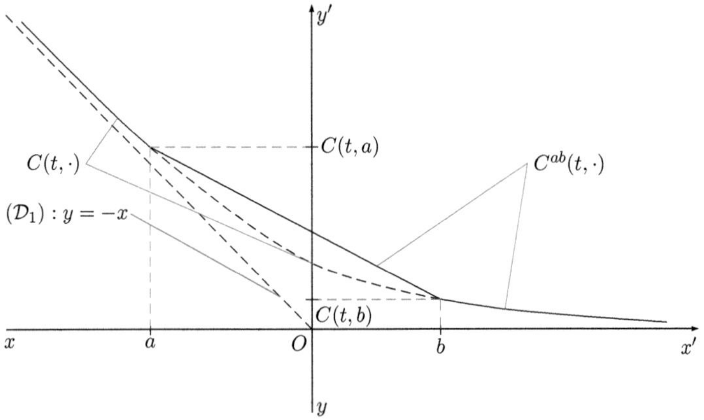

fig.3. Graphes de $C(t,\cdot)$ et de $C^{a,b}(t,\cdot)$.

La fonction $C^{a,b}$ possède les mêmes propriétés que C, et d'après le Théorème 4.29, il existe une martingale càdlàg $(M_t^{a,b}, t \geq 0)$ telle que, pour tout $x \in \mathbb{R}$,

$$\mathbb{E}\left[(M_t^{a,b} - x)^+\right] = C^{a,b}(t,x).$$

En particulier, pour tout $t \geq 0$, la loi $\mu_t^{a,b}$ de $M_t^{a,b}$ est égale à :

$$\mu_t^{a,b}(dx) = \left(1_{]-\infty,a[} + 1_{]b,+\infty[}\right) \mu_t(dx) + \alpha(t)\delta_a(dx) + \beta(t)\delta_b(dx),$$

avec

$$\alpha(t) = \frac{C(t,b) - C(t,a)}{b-a} - \frac{\partial C}{\partial x_-}(t,a)$$

et

$$\beta(t) = \frac{\partial C}{\partial x_+}(t,b) - \frac{C(t,b) - C(t,a)}{b-a},$$

où

$$\frac{\partial C}{\partial x_-}(t,a) = -\mu_t([a,+\infty[) \text{ et } \frac{\partial C}{\partial x_+}(t,b) = -\mu_t(]b,+\infty[).$$

Nous nous proposons de montrer à l'aide du plongement d'Azéma-Yor qu'il est possible, sous certaines conditions, de construire $(M_t^{a,b}, t \geq 0)$ à partir de $(M_t, t \geq 0)$. Supposons que $(\mu_t, t \geq 0)$ est centré, i.e. que la fonction double queue C de $(\mu_t, t \geq 0)$ vérifie :

$$\lim_{x \to -\infty} x + C(t,x) = 0.$$

Soient Ψ et $\Psi^{a,b}$ les fonctions de Hardy-Littlewood associées respectivement à C et $C^{a,b}$, i.e. les fonctions $\Psi, \Psi^{a,b} : \mathbb{R}_+ \times \mathbb{R} \to \mathbb{R}_+$ définies par :

$$\Psi(t,x) = \begin{cases} x + \dfrac{C(t,x)}{\overline{\mu}_t(x)} & \text{si } \overline{\mu}_t(x) \neq 0 \\ x & \text{si } \overline{\mu}_t(x) = 0 \end{cases}$$

et

$$\Psi^{a,b}(t,x) = \begin{cases} x + \dfrac{C^{a,b}(t,x)}{\overline{\mu}_t^{a,b}(x)} & \text{si } \overline{\mu}_t^{a,b}(x) \neq 0 \\ x & \text{si } \overline{\mu}_t^{ab}(x) = 0. \end{cases}$$

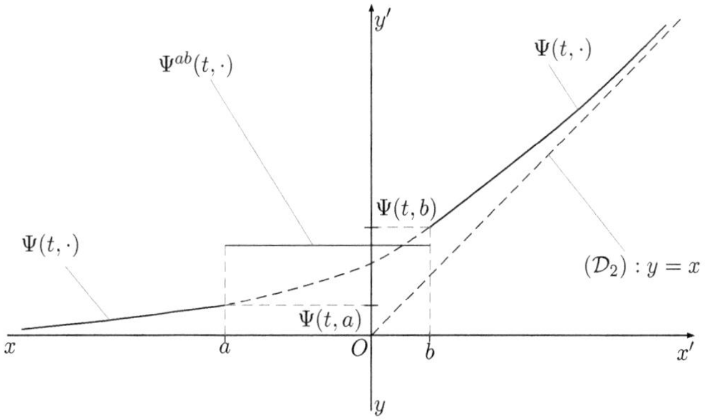

fig.4. Graphes de $\Psi(t,\cdot)$ et de $\Psi^{a,b}(t,\cdot)$.

Soit $(B_t, t \geq 0)$ un mouvement brownien standard issu de 0, et soit $(S_t, t \geq 0)$ le processus du maximum unilatère défini par :

$$\forall t \geq 0, \;\; S_t = \sup_{0 \leq u \leq t} B_u.$$

Nous considérons les familles des temps d'arrêt d'Azéma-Yor

$$(T_t := \inf\{u \geq 0, \; S_u \geq \Psi(t, B_u)\}, t \geq 0),$$

et

$$\left(T_t^{a,b} := \inf\{u \geq 0, \; S_u \geq \Psi^{ab}(t, B_u)\}, t \geq 0\right).$$

Nous montrons que :

Théorème 4.30. *La famille $(T_t, t \geq 0)$ est presque sûrement croissante si et seulement si, pour tous $a, b \in \mathbb{R}$ tels que $a < b$, la famille $(T_t^{a,b}, t \geq 0)$ est presque sûrement croissante. En particulier, si la fonction $t \longmapsto T_t$ est presque sûrement croissante, alors $(B_{T_t^{a,b}}, t \geq 0)$ est une martingale associée à $C^{a,b}$.*

Démonstration.
Il suffit de prouver que $t \longmapsto \Psi(t, x)$ est croissante pour tout x si et seulement si $t \longmapsto \Psi^{a,b}(t, x)$ est croissante pour tout x ; ce qui équivaut à montrer que C est TP_2 si et seulement si $C^{a,b}$ est TP_2.
Nous rappelons que $C^{a,b} : \mathbb{R}_+ \times \mathbb{R} \to \mathbb{R}_+$ est défini par :

$$C^{a,b}(t,x) = \begin{cases} \dfrac{b-x}{b-a} C(t,a) + \dfrac{x-a}{b-a} C(t,b) & \text{si } x \in [a,b] \\ \\ C(t,x) & \text{si } x \notin]a,b[. \end{cases}$$

1) Supposons d'abord que C est TP_2. Nous allons prouver que, pour tous $t_1 < t_2$ et $x_1 < x_2$,

$$C^{a,b}(t_1, x_1) C^{a,b}(t_2, x_2) \geq C^{a,b}(t_1, x_2) C^{a,b}(t_2, x_1). \tag{4.39}$$

Soient $0 \leq t_1 < t_2$. Nous distinguons trois cas :

i) Si $x_1 \notin [a, b]$ et $x_2 \notin [a, b]$, alors on a (4.39).

ii) Si $x_1 < a \leq x_2 \leq b$, alors :

$$\begin{aligned} & C^{a,b}(t_1, x_1) C^{a,b}(t_2, x_2) \\ & = C(t_1, x_1) \left(\frac{b - x_2}{b-a} C(t_2, a) + \frac{x_2 - a}{b-a} C(t_2, b) \right) \;\; \text{(par définition de } C^{ab}\text{)} \\ & = \frac{b - x_2}{b-a} C(t_1, x_1) C(t_2, a) + \frac{x_2 - a}{b-a} C(t_1, x_1) C(t_2, b) \\ & \geq \frac{b - x_2}{b-a} C(t_1, a) C(t_2, x_1) + \frac{x_2 - a}{b-a} C(t_1, b) C(t_2, x_1) \;\; \text{(car } C \text{ est } TP_2\text{)} \\ & = \left(\frac{b - x_2}{b-a} C(t_1, a) + \frac{x_2 - a}{b-a} C(t_1, b) \right) C(t_2, x_1) \\ & = C^{a,b}(t_1, x_2) C^{a,b}(t_2, x_1). \end{aligned}$$

On effectue un calcul similaire lorsque $a \leq x_1 \leq b < x_2$.

iii) Supposons que $a \leq x_1 < x_2 \leq b$. Par définition de $C^{a,b}$,

$$\begin{aligned}
&C^{a,b}(t_1,x_1)C^{a,b}(t_2,x_2) \\
&= \left(\frac{b-x_1}{b-a}C(t_1,a) + \frac{x_1-a}{b-a}C(t_1,b)\right)\left(\frac{b-x_2}{b-a}C(t_2,a) + \frac{x_2-a}{b-a}C(t_2,b)\right)
\end{aligned}$$

et

$$\begin{aligned}
&C^{a,b}(t_1,x_2)C^{a,b}(t_2,x_1) \\
&= \left(\frac{b-x_2}{b-a}C(t_1,a) + \frac{x_1-a}{b-a}C(t_1,b)\right)\left(\frac{b-x_1}{b-a}C(t_2,a) + \frac{x_2-a}{b-a}C(t_2,b)\right)
\end{aligned}$$

Ainsi, un calcul simple donne :

$$\begin{aligned}
&C^{ab}(t_1,x_1)C^{ab}(t_2,x_2) - C^{ab}(t_1,x_2)C^{ab}(t_2,x_1) \\
&= [C(t_1,a)C(t_2,b) - C(t_1,b)C(t_2,a)]\frac{x_2-x_1}{b-a} \geq 0.
\end{aligned}$$

ce qui achève la preuve de (4.39).

2) La réciproque est immédiate puisque, pour tous $0 \leq t_1 < t_2$, et pour tous $x_1 < x_2$,

$$\begin{aligned}
&C(t_1,x_1)C(t_2,x_2) - C(t_2,x_1)C(t_1,x_2) \\
&= C^{x_1,x_2}(t_1,x_1)C^{x_1,x_2}(t_2,x_2) - C^{x_1,x_2}(t_2,x_1)C^{x_1,x_2}(t_1,x_2) \geq 0.
\end{aligned}$$

□

4.3 Le plongement de Bertoin-Le Jan

4.3.1 La solution de Bertoin-Le Jan au problème de Skorokhod

Soit $(B_t, t \geq 0)$ un mouvement brownien issu de 0, et soit $(L_v^x; v \geq 0, x \in \mathbb{R})$ la famille bicontinue de ses temps locaux. Soit X une v.a. de loi μ telle que :

$$\mathbb{E}[|X|] = \int_{\mathbb{R}} |x|\mu(dx) < \infty \quad \text{et} \quad \mathbb{E}[X] = \int_{\mathbb{R}} x\mu(dx) = 0. \tag{4.40}$$

On suppose que le support de μ est égal à $\mathbb{R}$. Nous définissons

$$\gamma := 2\int_{[0,+\infty[} y\mu(dy) = -2\int_{]-\infty,0]} y\mu(dy), \tag{4.41}$$

et $C : \mathbb{R} \to \mathbb{R}_+$ par :

$$C(x) := \begin{cases} 2\displaystyle\int_{[x,+\infty[} (a-x)\mu(da) & \text{si } x \geq 0 \\[2ex] 2\displaystyle\int_{]-\infty,x]} (x-a)\mu(da) & \text{si } x \leq 0. \end{cases} \tag{4.42}$$

Soit $T^{(\mu)}$ le temps d'arrêt défini par :

$$T^{(\mu)} := \inf\left\{v \geq 0;\ \gamma \int_{\mathbb{R}} \frac{L_v^x}{C(x)}\mu(dx) > L_v^0\right\}. \tag{4.43}$$

Le résultat qui suit est dû à Bertoin-Le Jan [BLJ92].

Théorème 4.31. ***(Bertoin-Le Jan [BLJ92]).*** *Sous les hypothèses précédentes :*

1) La v.a. $B_{T^{(\mu)}}$ suit la loi μ, i.e.

$$B_{T^{(\mu)}} \overset{(loi)}{=} X.$$

2) Le processus $(B_{v\wedge T^{(\mu)}}, v \geq 0)$ est une martingale uniformément intégrable.

4.3.2 Application à la construction de martingales associées au peacock $(\sqrt{t}X, t \geq 0)$

Soit X une v.a. de loi μ, intégrable et centrée, i.e. qui vérifie (4.40). On se propose de construire une martingale $(M_t, t \geq 0)$ associée au peacock $(\sqrt{t}X, t \geq 0)$, qui possède la propriété d'échelle du mouvement brownien, i.e.

$$\forall\, c > 0,\ \ (M_{c^2t}, t \geq 0) \overset{(\text{loi})}{=} (cM_t, t \geq 0). \tag{4.44}$$

Théorème 4.32. *Soit X une v.a. intégrable et centrée de loi μ. Pour tout $t \geq 0$, on note μ_t la loi de $\sqrt{t}X$. Pour chaque μ_t, on considère $\gamma(t)$, C_t et $T^{(\mu_t)}$ définis respectivement par (4.41), (4.42) et (4.43), où μ_t remplace μ. On suppose que :*

$$\forall\, v \in \mathbb{R}_+,\ \ t \longmapsto A^{(\mu)}(t,v) := \gamma(t) \int_{\mathbb{R}} \frac{L_v^x}{C_t(x)}\mu_t(dx)\ \ \textit{est p.s. décroissante.} \tag{I_b}$$

Alors :

1) Le processus $\left(M_t^{(\mu)} := B_{T^{(\mu_t)}}, t \geq 0\right)$ est une martingale associée à $(\sqrt{t}X, t \geq 0)$.

2) Le processus $\left(M_t^{(\mu)} := B_{T^{(\mu_t)}}, t \geq 0\right)$ possède la propriété d'échelle (4.44).

Démonstration.

1) Il suffit de remarquer que (I_b) implique que la fonction

$$t \longmapsto T^{(\mu_t)}\ \text{ est p.s. croissante.} \tag{4.45}$$

En effet, il résulte de (I_b) que pour tous $0 \leq s \leq t$,

$$\left\{v \geq 0;\ A^{(\mu)}(t,v) > L_v^0\right\} \subset \left\{v \geq 0;\ A^{(\mu)}(s,v) > L_v^0\right\},$$

et puisque

$$\forall t \geq 0,\ \ T^{(\mu_t)} = \inf\left\{v \geq 0;\ A^{(\mu)}(t,v) > L_v^0\right\}, \tag{4.46}$$

on obtient :

$$\forall\, s \leq t,\ \ T^{(\mu_s)} \leq T^{(\mu_t)}.$$

2) Il résulte de la propriété d'échelle (cf. [RY99], Chapitre VI, Exercice 2.11.)

$$\forall c > 0, \ (cB_v, cL_v^y; v \geq 0, y \in \mathbb{R}) \overset{\text{(loi)}}{=} \left(B_{c^2 v}, L_{c^2 v}^{cy}; v \geq 0, y \in \mathbb{R}\right),$$

que :

$$(B_{T^{(\mu_t)}}, t \geq 0) \overset{\text{(loi)}}{=} \left(cB_{T_c^{(\mu_t)}}, t \geq 0\right), \tag{4.47}$$

où

$$T_c^{(\mu_t)} := \inf\left\{v \geq 0; \ A_c^{(\mu)}(t,v) > L_v^0\right\}$$

et

$$A_c^{(\mu)}(t,v) = \gamma(t) \int_{\mathbb{R}} L_v^{x/c} \frac{\mu_t(dx)}{C_t(x)}.$$

D'autre part,

$$\mu_t(dx) = \mu\left(\frac{dx}{\sqrt{t}}\right), \ \gamma(t) = \sqrt{t}\gamma, \ \text{et } C_t(x) = \sqrt{t}C\left(\frac{x}{\sqrt{t}}\right). \tag{4.48}$$

Par conséquent,

$$\begin{aligned}
A_c^{(\mu)}(t,v) &= \gamma \int_{\mathbb{R}} L_v^{x/c} \frac{\mu\left(\frac{dx}{\sqrt{t}}\right)}{C\left(\frac{x}{\sqrt{t}}\right)} \\
&= \gamma \int_{\mathbb{R}} L_v^{y} \frac{\mu\left(\frac{c\,dy}{\sqrt{t}}\right)}{C\left(\frac{cy}{\sqrt{t}}\right)} \quad \text{(en posant } x = cy\text{)} \\
&= \gamma\left(\frac{t}{c^2}\right) \int_{\mathbb{R}} L_v^{y} \frac{\mu_{t/c^2}(dy)}{C_{t/c^2}(y)} dy = A^{(\mu)}\left(\frac{t}{c^2}, v\right).
\end{aligned}$$

D'où

$$T_c^{(\mu_t)} = T^{(\mu_{t/c^2})}. \tag{4.49}$$

Nous déduisons de (4.47) et de (4.49) que :

$$\begin{aligned}
\left(M_{c^2 t}^{(\mu)}, t \geq 0\right) &= \left(B_{T^{(\mu_{c^2 t})}}, t \geq 0\right) \\
&\overset{\text{(loi)}}{=} \left(cB_{T_c^{(\mu_{c^2 t})}}, t \geq 0\right) \quad \text{(d'après (4.47)} \\
&= (cB_{T^{(\mu_t)}}, t \geq 0) \quad \text{(d'après (4.49)} \\
&= \left(cM_t^{(\mu)}, t \geq 0\right).
\end{aligned}$$

Donc, $\left(M_t^{(\mu)}, t \geq 0\right)$ possède la propriété d'échelle (4.44). □

Nous présentons deux conditions qui suffisent à obtenir (4.45).

Théorème 4.33. *Soit X une v.a. intégrable et centrée de loi $\mu(dx) = f(x)dx$, où f est à support égal à $\mathbb{R}$. Pour tout $t \geq 0$, on note μ_t la loi de $\sqrt{t}X$. On suppose que l'une ou l'autre des conditions suivantes est satisfaite :*

1) La fonction $x \longmapsto \log(|x|f(x))$ *est concave sur* $]-\infty,0[$ *et sur* $]0,+\infty[$.

2) La densité f *est de classe* $\mathcal{C}^1$, $\lim\limits_{|x|\to+\infty} xf(x) = 0$, *et*

$$x \longmapsto \frac{f(x)+xf'(x)}{C'(x)} \quad \textit{est croissante.} \tag{4.50}$$

Alors $(\mu_t, t \geq 0)$ *satisfait (4.45).*
Dans chacun des cas 1) et 2), $(M_t^{(\mu)} = B_{T^{(\mu_t)}}, t \geq 0)$ *est une martingale associée au peacock* $(\sqrt{t}X, t \geq 0)$.

Démonstration.
Notons que :

$$A^{(\mu)}(t,v) = \gamma \int_{-\infty}^{+\infty} \frac{L_v^x}{|x|} \frac{\frac{|x|}{\sqrt{t}} f\left(\frac{x}{\sqrt{t}}\right)}{C\left(\frac{x}{\sqrt{t}}\right)} dx.$$

Ainsi, $t \longmapsto A^{(\mu)}(t,v)$ est décroissante pour tout $v \geq 0$ si la fonction $F : x \longmapsto \dfrac{xf(x)}{C(x)}$ est croissante sur $\mathbb{R}$.

a) Supposons que 1) soit vérifiée.
Si $x > 0$, alors :

$$\frac{C(x)}{2} = \int_x^{+\infty} (y-x)f(y)dy = \int_x^{+\infty} \left(\int_y^{+\infty} f(z)dz\right) dy.$$

Notons que l'hypothèse 1) implique que la dérivée à droite f' de f existe; Nous avons alors :

$$\begin{aligned}
\frac{C^2(x)}{2}F'(x) &= (f(x)+xf'(x))\frac{C(x)}{2} + xf(x)\int_x^{+\infty} f(y)dy \\
&= (f(x)+xf'(x))\int_x^{+\infty}\left(\int_y^{+\infty} f(z)dz\right)dy - xf(x)\int_x^{+\infty}\int_y^{+\infty} f'(z)dz \\
&= xf(x)\int_x^{\infty}\int_y^{+\infty} f(z)\left(\frac{1}{x}+\frac{f'(x)}{f(x)}-\frac{f'(z)}{f(z)}\right)dz\,dy.
\end{aligned}$$

Comme $z \in]0,+\infty[\longmapsto \log(zf(z))$ est concave, alors

$$z \in]0,+\infty[\longmapsto \frac{1}{z} + \frac{f'(z)}{f(z)} \quad \text{est croissante.}$$

Nous en déduisons que pour tout $z \geq x$,

$$\frac{1}{x} + \frac{f'(x)}{f(x)} \geq \frac{1}{z} + \frac{f'(z)}{f(z)} \geq \frac{f'(z)}{f(z)}.$$

Donc, $x \longmapsto \dfrac{xf(x)}{C(x)}$ est croissante sur $]0,+\infty[$.

A l'aide d'un calcul similaire, nous montrons également que $x \longmapsto \dfrac{xf(x)}{C(x)}$ est croissante sur $]-\infty,0[$.

2) Supposons qu'on ait 2).
Si $x \geq 0$,

$$-\frac{C'(x)}{2} = \int_x^{+\infty} f(y)dy := \overline{\mu}(x),$$

et, puisque f est de classe $\mathcal{C}^1$, on a :

$$\begin{aligned}\frac{C^2(x)}{2}F'(x) &= (f(x) + xf'(x))\frac{C(x)}{2} - xf(x)\overline{\mu}(x)\\ &= (f(x) + xf'(x))\int_x^{+\infty} \overline{\mu}(y)dy - \overline{\mu}(x)\int_x^{+\infty} (f(y) + yf'(y))dy\\ &= \overline{\mu}(x)\int_x^{+\infty} \overline{\mu}(y)\left(\frac{f(x) + xf'(x)}{\overline{\mu}(x)} - \frac{f(y) + yf'(y)}{\overline{\mu}(y)}\right)dy\\ &\geq 0 \text{ (d'après (4.50)).}\end{aligned}$$

Le cas $x \leq 0$ se résout de façon analogue. □

Commentaires

La méthode de plongement de Skorokhod que nous décrivons est celle utilisée dans ([HPRY11], Chapitre 7). Pour ce qui est du plongement d'Azéma-Yor, des résultats sont obtenus dans [MY02], [Pro10], et [HPRY11]. Il existe beaucoup d'autres méthodes permettant de construire explicitement une martingale associée à des peacocks. Pour cela, nous renvoyons à ([HPRY11], Chapitres 2-7), [BY09], [BY10], [BDMY10], [HRY10a], [HRY10b] et [HRY11]. Mentionnons que l'utilisation de la positivité totale dans l'étude du plongement d'Azéma-Yor est originale.

Bibliographie

[An97] M. Y. An. Log-concave probability distributions : Theory and statistical testing. *SSRN*, pages i–29, May 1997.

[AY79] J. Azéma and M. Yor. Une solution simple au problème de Skorokhod. In *Séminaire de Probabilités, XIII (Univ. Strasbourg, Strasbourg, 1977/78)*, volume 721 of *Lecture Notes in Math.*, pages 90-115. Springer, Berlin, 1979.

[Be78] R. H. Berk. Some monotonicity properties of symmetric Pólya densities and their exponential families. *Z. Wahrscheinlichkeitstheorie und Verw. Gebiete* 42 : 303-307, 1978.

[BDMY10] D. Baker, C. Donati-Martin, and M. Yor. A sequence of Albin type continuous martingales, with Brownian marginals and scaling. In *Séminaire de Probabilités XLIII, 441-449, Lecture Notes in Maths., 2006,* Springer, Berlin, 2010.

[BLJ92] J. Bertoin and Y. Le Jan. Representation of measures by balayage from a regular recurrent point. *Ann. Probab.* 20(1), 538-548, 1992.

[Bl57] R. M. Blumenthal. An extended Markov property, *Trans. Amer. Math. Soc.* 85 : 52–72, 1957.

[BPR12a] A. Bogso, C. Profeta and B. Roynette. Some examples of peacocks in a Markovian set-up. In *Séminaire de Probabilités, XLIV, 281-315, Lecture Notes in Maths., 2046,* Springer, Berlin, 2012.

[BPR12b] A. Bogso, C. Profeta and B. Roynette. Peacocks obtained by normalisation, strong and very strong peacocks. In *Séminaire de Probabilités, XLIV, 317-374, Lecture notes in Maths., 2046,* Springer, Berlin, 2012.

[BY09] D. Baker and M. Yor. A Brownian sheet martingale with the same marginals as the arithmetic average of geometric Brownian motion. *Elect. J. Prob.*, 14(52)1532-1540, 2009.

[BY10] D. Baker and M. Yor. On martingales with given marginals and the scaling property. In *Séminaire de Probabilités XLIII, 437-439, Lecture Notes in Maths., 2006* Springer, Berlin, 2010.

[CEX08] P. Carr, C.-O. Ewald, and Y. Xiao. On the qualitative effect of volatility and duration on prices of Asian options. *Finance Research Letters*, 5(3) :162–171, September 2008.

[Ch60] K. L. Chung. *Markov chains with transition probabilities,* Springer-Verlag, Berlin, 1960.

[CSS76] S. Cambanis, G. Simons, and W. Stout. Inequalities for $\mathbb{E}k(X,Y)$ when the marginals are fixed. *Z. Wahrscheinlichkeitstheorie und Verw. Gebiete* 36 : 285-294, 1976.

[DM80] C. Dellacherie, P.-A. Meyer. *Probabilités et potentiel, Chapitres V à VIII, Théorie des martingales.* Hermann (1980).

[Doo68] J. L. Doob. Generalized sweeping-out and probability. *J. Functional Analysis,* 2 :207-225, 1968.

[DS96] H. Daduna and R. Szekli. A queueing theoretical proof of increasing property of Pólya frequency functions. *Statist. Probab. Lett.*, 26(3) : 233–242, 1996.

[Du94] B. Dupire. Pricing with a smile. *Risk Magazine,* 7 :17-20, 1994.

[Ed53] A. Edrei. On the generating function of a doubly infinite, totally positive sequence. *Trans. Amer. Math. Soc.* 74(3) : 367–383, 1953.

[Efr65] B. Efron. Increasing properties of Pólya frequency functions. *Ann. Math. Statist.*, 36 :272–279, 1965.

[ÉY04] M. Émery and M. Yor. A parallel between Brownian bridges and gamma bridges. *Publ. Res. Inst. Math. Sci.*40(3) :669-688, 2004.

[Fe51] W. Feller. Diffusions processes in genetics. *Proc. Second Berkeley Symp. Math. Statist. Prob.,* University of California Press, Berkeley, pp. 227-246, 1951.

[FPY93] P. J. Fitzsimmons, J. W. Pitman, and M. Yor. Markovian bridges : construction, Palm interpretation, and splicing. *Seminar on Stochastic Processes, 1992 (Seattle, WA, 1992), 101-134,* Progr. Probab., 33, Birkhäuser Boston, Boston, MA, 1993.

[FWY00] H. Föllmer, C.-T. Wu, and M. Yor. On weak Brownian motion of arbitrary order. *Ann. Inst. H. Poincaré Probab. Statist.,* 36(4) :447-487, 2000.

[HK07] K. Hamza and F. C. Klebaner. A family of non-Gaussian martingales with Gaussian marginals. *J. Appl. Stoch. Anal.,* pages Art. ID 92723, 19, 2007.

[HP86] U. G. Haussmann and É. Pardoux. Time reversal of diffusions. *Ann. Porbab.,* 14(4) :1188-1205, 1986.

[HPRY11] F. Hirsch, C. Profeta, B. Roynette, and M. Yor. *Peacocks and associated martingales.* Bocconi-Springer, vol 3, 2011.

[HR12] F. Hirsch and B. Roynette. A new proof of Kellerer Theorem *ESAIM : PS,* 16 :48-60, 2012.

[HRY10a] F. Hirsch, B. Roynette, and M. Yor. Unifying constructions of martingales associated with processes increasing in the convex order , via Lévy and Sato sheets. *Expositiones Mathematicae,* 4, 299-324, 2010.

[HRY10b] F. Hirsch, B. Roynette, and M. Yor. Applying Itô's motto : "look at the infinite dimensional picture" by constructing sheets to obtain processes increasing in the convex order. *Periodica Mathematica Hungarica,* 61(1-2) :195-211, 2010.

[HRY11] F. Hirsch, B. Roynette, and M. Yor. From an Itô type calculus for Gaussian processes to integrals of log-normal processes increasing in the convex order. *J. Math. Soc. Japan,* 63(3) :887-917, 2011.

[ItMK57] K. Itô and H. P. McKean. *Diffusion processes and their sample paths,* Springer-Verlag, Berlin and New York, 1965.

[IW89] N. Ikeda and S. Watanabe. *Stochastic differential equations and diffusion processes*, volume 24 of *North-Holland Mathematical Library*. North-Holland Publishing Co., Amsterdam, second edition, 1989.

[JP88] J. Jacod and P. Protter. Time reversal on Lévy processes. *Ann. Probab.*, 16(2) :620-641, 1988.

[JY79] T. Jeulin and M. Yor. Inégalité de Hardy, semimartingales, et faux-amis. In *Séminaire de Probabilités, XIII (Univ. Strasbourg, Strasbourg, 1977/78)*, volume 721 of *Lecture Notes in Math.*, pages 332-359. Springer, Berlin, 1979.

[Ka57] S. Karlin. Pólya type distributions II, *Ann. Math. Statis.* Vol. 28, pp. 281-308, 1957.

[Ka64] S. Karlin. Total positivity, absorption probabilities and applications, *Trans. Amer. Math. Soc.* Vol. 111, pp. 33-107, 1964.

[KaMG57] S. Karlin and J. L. McGregor. The differential equations of birth and death processes and the Stieltjes moment problem, *Trans. Amer. Math. Soc.* Vol. 85, No.2, pp. 489-546, 1957.

[KaMG59] S. Karlin and J. L. McGregor. Coincidence probabilities, *Pacific J. Math.* Vol. 9, pp. 1141-1165, 1959.

[KaMG60] S. Karlin and J. L. McGregor. Classical diffusion processes and total positivity, *J. Math. Anal. Appl.* Vol. 1, pp. 163-183, 1960.

[KaT81] S. Karlin and H. M. Taylor. A second course in Stochastic processes, New York : Academic Press, 1981.

[Kel72] H. G. Kellerer. Markov-Komposition und eine Anwendung auf Martingale. *Math. Ann.*, 198 :99–122, 1972.

[KR80] S. Karlin and Y. Rinot. Classes of orderings of measures and related correlation inequalities. I. Multivariate totally positive distributions. *J. Multivariate Anal.* 10(4) :467-498, 1980.

[LG99] J.-F. Le Gall. *Spatial branching processes, random snakes and partial differential equations.* Lectures in Mathematics ETH Zürich. Birkhäuser Verlag, Basel, 1999.

[Low08b] G. Lowther. Fitting martingales to given marginals. *Preprint arXiv :0808.2319,* 2008

[MaY06] R. Mansuy and M. Yor. *Random times and enlargements of filtrations in a Brownian setting,* volume 1873 of *Lecture Notes in Mathematics.* Springer-Verlag, Berlin, 2006.

[Mey94] P.-A. Meyer. Sur une transformation du mouvement brownien dûe à Jeulin et Yor. In*Séminaire de Probabilités, XXIII*, volume 1583 of *Lecture Notes in Math.*, page 98-101. Springer, Berlin, 1994.

[MFC64] P.-A. Meyer, J. M. C. Fell, and P. Cartier. Comparaison des mesures portées par un ensemble convexe compact. *Bull. Soc. Math. France,* 92 :435-445, 1964.

[MNS89] A. Millet, D. Nualart, and M. Sanz. Integration by parts and time reversal for diffusion processes. *Ann. Probab.,* 17(1) :208-238, 1989.

[MS01] A. Müller and M. Scarsini. Stochastic comparison of random vectors with a common copula. *Mathematics of Operations Research,* 26(4) :723-740, 2001.

[MY02] D. Madan and M. Yor. Making Markov martingales meet marginals : with explicit contructions. *Bernoulli,* 8(4) :509-539, 2002.

[MYY12] K. Meziane, J.-Y. Yen, and M. Yor. Some examples of Skorokhod embeddings obtained from the Azéma-Yor algorithm. In preparation, 2012.

[Obl04] J. Obłój. The Skorokhod embedding problem and its offspring. *Probab. Surv.,*1 :321-390 (electronic), 2004.

[Pa13] G. Pagès. Functional co-monotony of processes with an application to peacocks. In*Séminaire de Probabilités XLV, Lecture Notes in Maths.* Springer. À paraître 2013.

[Pie80] M. Pierre. Le problème de Skorokhod : une remarque sur la démonstration d'Azéma-Yor. In*Séminaire de Probabilités, XIV (Paris, 1978/1979),* volume 784 of *Lecture Notes in Math.,* pp. 392-396. Springer, Berlin, 1980.

[Pré73] A. Prékopa. On logarithmic concave measures and functions. *Acta Sci. Math. (Szeged),* 34 :335-343, 1973.

[Pro10] C. Profeta. *Pénalisations, pseudo-inverses et peacocks dans un cadre markovien.* Thèse de l'Université Henri Poincaré Nancy, 2010.

[Rog81] L. C. G. Rogers. Williams characterisation of the Brownian excursion law : proof and applications. In *Séminaire de Probabilités, XV (Univ. Strasbourg, Strasbourg, 1979/1980) (french),* volume 850 of *Lecture Notes in Math.,* pages 227-250. Springer, Berlin, 1981.

[RS70] M. Rothschild and J. E. Stiglitz. Increasing risk. I. A definition. *J. Econom. Theory,* 2 :225-243, 1970.

[RS71] M. Rothschild and J. E. Stiglitz. Increasing risk. II. Its economic consequences. *J. Econom. Theory,* 3 :66-84, 1971.

[RW11] L. Rüschendorf and V. Wolf. Comparison of Markov processes via infinitesimal generators. *Statist. Decisions* 28(2) :151-168, 2011.

[RY99] D. Revuz and M. Yor. *Continuous martingales and Brownian motion*, volume 293 of *Grundlehren der Mathematischen Wissenschaften [Fundamental Principles of Mathematical Sciences].* Springer-Verlag, Berlin, third edition, 1999.

[RVY06] B. Roynette, P. Vallois and M. Yor. Limiting laws associated with Brownian motion perturbed by normalized exponential weights I. *Studia Sci. Math. Hungar.,* 43(2) :171-246, 2006.

[Sch51] I.J. Schoenberg. On Pólya frequency functions I. The totally positive functions and their Laplace transforms. *J. Analyse Math.* 1, 331-374, 1951.

[Sha87] J. G. Shanthikumar. On stochastic comparison of random vectors. *J. Appl. Probab.*, 24(1) :123–136, 1987.

[SS94] M. Shaked and J.G. Shanthikumar. *Stochastic orders and their applications.* Probability and Mathematical Statistics. Academic Press, Boston, 1994.

[SS07] M. Shaked and J.G. Shanthikumar. *Stochastic orders.* Springer Series in Statistics. Springer, New York, 2007.

[Str65] V. Strassen. The existence of probability measures with given marginals. *Ann. Math. Statist.,* 36 :423-439, 1965.

[Wat75] S. Watanabe. On time inversion of one-dimensional diffusion processes. *Z. Wahrscheinlichkeitstheorie und Verw. Gebiete*, 31 :115-124, 1974/75.

[YW71] T. Yamada and S. Watanabe. On the uniqueness of solutions of stochastic differential equations. *J. Math. Kyoto Univ.* 11 :155-167, 1971.

MIX
Papier aus verantwortungsvollen Quellen
Paper from responsible sources
FSC® C105338

Printed by Books on Demand GmbH, Norderstedt / Germany